水土保持综合治理对小流域水沙变化的影响定量分析

张 攀 王金花 孙维营 付 凌 王玲玲 编著

黄河水利出版社
·郑州·

内 容 提 要

本书在总结黄河中游水沙变化研究成果的基础上,采用典型调查、数值模拟、资料收集、文献查阅、科学总结与系统集成相结合的研究方法,通过系统分析黄河中游近期水沙变化特点,改进减水减沙效益计算方法,定量研究黄土高原水土保持综合治理对小流域水沙变化的影响,较客观地分析了水土保持治理措施对减少入黄径流和泥沙的作用。全书既有理论方法研究,又有典型算例的分析验证,在黄河流域水土保持规划、效益评价、水沙变化原因分析、水土保持综合治理效益预测等方面具有广阔的应用前景。

本书可供从事水土保持、河流泥沙、水文水资源等研究领域的科技工作者阅读,也可作为有关大专院校师生的参考书。

图书在版编目(CIP)数据

水土保持综合治理对小流域水沙变化的影响定量
分析/张攀等编著. —郑州:黄河水利出版社,2015.5
ISBN 978 - 7 - 5509 - 1126 - 0

Ⅰ. ①水⋯ Ⅱ. ①张⋯ Ⅲ. ①水土保持 - 综合治
理 - 影响 - 小流域 - 含沙水流 - 变化 - 定量分析
Ⅳ. ①TV131.3

中国版本图书馆 CIP 数据核字(2015)第 098791 号

组稿编辑:李洪良   电话:0371 - 66026352   E-mail:hongliang0013@163.com

出 版 社:黄河水利出版社
       地址:河南省郑州市顺河路黄委会综合楼 14 层 邮政编码:450003
发行单位:黄河水利出版社
       发行部电话:0371 - 66026940、66020550、66028024、66022620(传真)
       E-mail:hhslcbs@126.com
承印单位:河南省瑞光印务股份有限公司
开本:787 mm × 1 092 mm 1/16
印张:10.25
字数:237 千字   印数:1—1 000
版次:2015 年 5 月第 1 版   印次:2015 年 5 月第 1 次印刷
定价:38.00 元

前　言

我国是世界上水土流失最为严重的国家之一。水土流失最为严重的黄河流域自20世纪50年代开展治理以来，截至2005年初步治理面积已达21.5万 km²，取得了显著的减沙效益。水土保持综合治理的实施必然导致流域的水沙特性发生变化，对水利水电工程的兴建、河道规划整治、防洪及流域治理与管理等都将产生较大影响，水土保持措施在减少侵蚀的同时对流域径流的影响是水土流失治理中一个亟待回答的问题。水土保持措施的大量实施减少了土壤侵蚀量，极大地改变了流域的下垫面条件，增加了黄土高原地区的降雨利用率，取得了很大的治理成效。

然而，随着水土保持措施的蓄水拦沙效果开始显现，黄河下游断流屡屡发生，且有愈演愈烈之势，这对黄河下游沿黄地区的经济、社会和环境都产生了巨大影响，因此定量研究黄土高原水土保持综合治理对小流域水沙变化的影响意义重大。为此，本书在国家自然科学基金资助项目(51409110)、中央级公益性科研院所基本科研业务费专项资金项目(HKY-JBYW-2014-2)资助下，以小流域水沙变化特性分析为切入点，采用多种方法对黄河中游三个典型治理小流域三川河、皇甫川、岔巴沟的水土保持综合治理对小流域水沙变化的影响进行了定量分析。

本书撰写分工如下：第1章由张攀撰写；第2章第2.1节、第2.2节、第2.4节、第2.5节由孙维营撰写，第2.3节由王金花撰写，整章由孙维营统稿；第3章第3.1节、第3.4节由张攀撰写，第3.2节由王金花撰写，第3.3节由付凌撰写，整章由付凌统稿；第4章第4.1节、第4.2节由王玲玲撰写，第4.3节、第4.4节由王金花撰写，整章由王玲玲统稿；第5章第5.1节、第5.2节由张攀撰写，第5.3节由王金花撰写，第5.4节、第5.5节、第5.6节、第5.7节由付凌、孙维营撰写，整章由张攀统稿；第6章第6.1节、第6.2节由王金花撰写，第6.3节由孙维营撰写，第6.4节、第6.5节、第6.6节、第6.7节由王玲玲撰写，整章由王金花统稿；第7章由孙维营撰写。全书由张攀、王金花、孙维营统稿。

由于组织撰写、编辑出版整个过程较为仓促，加之作者水平有限，本书难免有疏漏、不足之处，敬请读者批评指正。

作　者

2015年1月

目　录

第1章 绪 论

1.1 研究背景及意义

1.1.1 研究背景

水土流失是我国当前面临的主要环境问题之一。我国是世界上水土流失最为严重的国家之一，全国有水土流失面积 356 万 km^2，占国土总面积的 37%，需治理的面积有 200 多万 km^2。我国水土流失最为严重的黄河流域自 20 世纪 50 年代开展治理以来，截至 2005 年初步治理面积已达 21.5 万 km^2，取得了显著的减沙效益。自 20 世纪 70 年代以来，水利水保措施平均每年减少入黄泥沙 3 亿 t 左右，占黄河多年平均输沙量的 18.8%，减缓了黄河下游淤积抬高的速度，为黄河安澜做出了贡献。

水土保持措施的实施必然引起流域水沙特性的变化，由此，将对水利水电工程的兴建、河道规划整治、防洪及流域治理与管理等都将产生较大影响，水土保持在减少侵蚀的同时对流域径流的影响及其方向是水土流失治理中一个亟待回答的问题。自 20 世纪 50 年代开始，水土保持措施的大量实施减少了土壤侵蚀量，尤其是 20 世纪 70 年代以来，在黄土高原开展了大面积、大规模的生态环境建设和水土流失综合治理，这些水土保持措施的实施，极大地改变了流域的下垫面条件，增加了黄土高原地区的降雨利用率，措施的实施取得了很大的成效。然而，随着水土保持措施的蓄水拦沙效果开始显现，黄河下游断流屡屡发生，且有愈演愈烈之势，这对黄河下游沿黄地区的经济、社会和环境都产生了巨大影响，因此有关黄土高原区域水土保持对黄河流域地表水资源、水环境的影响、黄土高原生态用水等与水土保持相关的水科学问题倍受重视（景可和申元村，2002；李玉山，1997；穆兴民，1999）。从径流形成及其与土壤侵蚀的关系看，水土保持的实质是要将降雨截留，以减少因地表径流对土壤的冲刷而造成的土壤流失，并使地表径流变为地下径流。黄土高原水土保持对河流水沙影响的研究结果表明，黄河流域水沙问题的产生，受流域水土保持、降雨量减少、水资源开发利用和三门峡水库的修建和运行等自然和人类活动等多因素影响（刘斌，2001；穆兴民，1999，2001），而且在黄土高原具有节水性能的水土保持措施也已被提出（王飞等，2004；曹文洪，2003）。所以，正确估计水土保持措施的减洪减沙效益和预测水保措施实施后流域的水沙变化趋势意义重大。

水利部曾于 1988 年专门设立了黄河水沙变化研究基金，开展了两期黄河水沙变化专题研究，历时 10 余年。与此同时，黄委水土保持科研基金、国家自然科学基金、"八五"国家重点科技攻关计划等也先后列出专题资助研究黄河水沙变化问题。通过上述研究取得了丰硕成果，进一步加深了对黄河水沙变化的认识。但是，水利部的第一期、第二期黄河水沙变化基金及其他项目将黄河中游河龙区间（河口镇—龙门）水土保持与水沙变化研究只做到了 1996 年,而近期黄河水沙又产生了新的情况,出现了新的问题,科技部、水利部和黄委对此非常重视,故在"十一五"国家科技支撑计划重点项目"黄河健康修复关键技术研究"中专门列出了"黄河流域水沙变化情势评价研究"专题,对 1996 年以来的黄河水沙变化情势进行研究。本书为该专题的研究内容之一,主要以位于黄河中游多沙粗沙区的三川河流域为对象开展研究,对该流域近期水土保持措施的减洪减沙效益进行计算,为该流域水土保持综合治理和治黄决策提供科学依据。

1.1.2 研究的意义

1.1.2.1 对于治黄的意义

河流系统中来水来沙条件是影响河流演变的最为重要的因素。因此,流域治理开发规划及防洪、河道整治等都必须了解、掌握水沙变化的基本情况及其基本规律。尤其对于黄河这样的多泥沙河流,其水沙变化直接关系治黄全局战略。水沙变化分析是评价和估算水利、水土保持措施对入黄水沙量影响,为水土保持规划和流域规划提供科学依据的一个重要基础性工作,对于黄河治理和黄河流域水土流失防治及生态环境改善是很有必要的。

近些年来,黄河流域的水沙条件发生了很大变化,这是气候因素和人类活动影响的必然结果。由此,造成黄河下游河流系统出现一系列的异常现象。一方面,20 世纪 80 年代中期以来,黄河水沙条件发生变异,河道急剧萎缩,河槽过洪能力显著下降,如 1996 年 8 月 5 日、13 日,黄河花园口先后出现两次洪水,表现出异常高的水位、异常慢的流速、异常多的险情和异常重的滩区灾情,引起了多方关注;另一方面,在 20 世纪末,黄河下游连年出现断流现象。虽然这些灾害现象出现在下游,但根在中游。因此,分析近年来黄河流域水沙变化趋势并了解其原因,对于研究黄河下游河道萎缩等河流系统的演变机理并提出治理对策,都是很有必要的。分析三川河流域治理的水土保持措施减洪减沙效益,对于该流域治理开发与管理等生产实践、提供水沙变化参数都具有很大意义。

1.1.2.2 对于科技发展的意义

国务院制定的《国家中长期科学和技术发展规划纲要(2006~2020 年)》中,明确将"生态脆弱区域生态系统功能的恢复重建"作为优先发展主题,提出要"重点开发岩溶地区、青藏高原、长江黄河中上游、黄土高原、荒漠及荒漠化地区、农牧交错带和矿产开采区等典型生态脆弱区生态系统的动态监测技术,草原退化与鼠害防治技术,退化生态系统恢复与重建技术,三峡工程、青藏铁路等重大工程沿线和复杂矿区生态保护及恢复技术,建立不同类型生态系统功能恢复和持续改善的技术支持模式,构建生态系统功能综合评估及技术评价体系"。水利部制定颁布的《水利科技发展规划(2001~2010)》中也明确指出,水利科技面临的挑战之一就是"水土流失严重,水环境不断恶化。全国水蚀和风蚀面积占国土面积的 38%,其中黄河中上游和长江上游地区水土流失最为严重。严重的水土流失使我国每年平均流失土地面积 100 万亩(1 亩 =1/15 hm²)以上,流失 50 亿 t 沃土,还引起河湖淤积,加剧了洪水灾害"。可见,水土保持综合治理的水沙响应研究不仅对治黄具有重要意义,而且对推动我国的科技发展也起着至关重要的作用。

本书在总结以往分析方法的基础上,对双累积曲线法划分径流泥沙系列的突变点的方法加以改进,采用有序聚类分析法对样本序列突变点进行分割,判别流域水沙突变点;在对以往成果验证、评价、分析基础上,对 1997～2006 年三川河流域水沙变化得出新的认识。因而,本书研究内容对于完善水土保持效益评价方法,了解水土保持治理作用的变化趋势有着重要的科学意义。

1.2　国内外研究发展概况及发展趋势

1.2.1　减洪减沙作用的研究进展

为研究黄土高原侵蚀产沙规律及治理措施,我国于 1942 年在甘肃天水建立了第一个水土保持试验站,修建了天然径流小区,对人工种草、沟垄耕作等水土保持措施的减水减沙作用首次进行了观测研究,取得了可贵的成果。1953 年后,分别建设了天水、西峰及绥德三个水土保持科学试验站,并逐渐形成较为完善的试验研究设施和观测队伍,对黄河利用水土保持径流泥沙研究工作起了基础支撑作用。此后,天然径流小区的定位观测作为一种基本研究手段被广泛应用。早期对水土保持的减水减沙效益研究主要集中在小尺度上,如坡面小区水保治理对产流产沙的影响。随着研究的不断深入,水土保持建设的减沙效应逐渐从径流小区的研究向小流域、大流域推进。20 世纪 80 年代以前,研究重点基本上是通过水土保持试验区观测资料对影响土壤侵蚀的主导因子进行研究,揭示不同地形地貌、土壤特征、林草植被、水文气象条件下土壤侵蚀规律及单项水土保持治理措施的减水减沙效益等。80 年代中期以来,加强了对重点治理流域片区的研究,如长江水利委员会结合三峡工程泥沙研究的需要,对三峡水库来水来沙条件作了深入分析研究,并对长江宜昌以上未来的来水来沙趋势作了初步预测,90 年代后期又进行了"长治"工程减沙效益研究。近年来,围绕黄河水沙变化原因及其发展趋势这一主题,不少学者进行了大量的研究工作。鉴于黄河河龙区间(河口镇—龙门)水土保持与水沙变化的重要性,1988～2003年,先后开展的水利部第一期黄河水沙变化基金、黄河流域水土保持基金、国家自然科学基金、"八五"国家重点科技攻关项目、黄委黄河上中游管理局"八五"重点课题、水利部第二期黄河水沙变化基金,都对黄河中游水沙变化进行了较为系统的研究,取得了许多宝贵的研究成果。

19 世纪下半叶,国外学者在土壤学、地貌学、林学等领域开始了最初的水土流失问题研究。德国土壤学家沃伦在 1877～1895 年完成了世界上第一个水土保持科学试验小区观测,主要进行植被和地被覆盖物对侵蚀影响研究。1882 年在奥地利维也纳农业大学林业系设立了具有欧洲山区特点的荒溪治理学专业,形成了一套完整的荒溪治理的森林与工程措施体系,包括工程措施、森林生物措施、规划经营措施及法律性预防措施。1886 年在日本以关东山洪泥石流灾害为契机,在原有的治山治水传统思想的基础上,吸收了欧洲荒溪治理学的科学体系,最后由诸户北朗博士在 1928 年创立了日本的砂防工程学。

在美国,20 世纪 30 年代,由于肆意耕垦大面积原始草原和森林,这个仅开发百余年历史的移民国家发生了严重的水土流失,被迫采取各种措施进行防治,并由贝纳特(Bennet)创立了以耕作土壤(开垦农田引起的土壤侵蚀问题的大规模研究)为主的土壤保持学。20世纪40年代苏联学者以景观、农业、土壤学相结合建立农林改良土壤学和水利改良土壤学。

在20世纪40年代 R. W·津格、D. D·史密斯和 G. W·马斯格雷夫等早期研究基础上,1960年初美国 W. H·维希迈耶和 D. D·史密斯通过系统整理分析美国10 000余个小区试验资料建立了著名的通用土壤流失方程(Universal Soil Loss Equation,简称USLE)。通用土壤流失方程是表示坡地土壤流失量与其主要影响因子间定量关系的侵蚀数学模型,用于计算在一定耕作方式和经营管理制度下,因面蚀产生的年平均土壤流失量。方程式为:

$$A = R \cdot K \cdot LS \cdot C \cdot P \tag{1-1}$$

式中 R——气候因子;

      K——土壤抗蚀因子;

      LS——地形因子;

      C——植被覆盖因子;

      P——保土措施因子。

USLE是一种经验性侵蚀型方程,在美国的土地规划和管理工作中曾起了积极作用。进入20世纪90年代,美国水土保持局又在USLE的基础上发展了修正的通用土壤流失方程(RUSLE),在土壤侵蚀预测的研究和应用中更进了一步,并应用大容量计算机,采用模型软件包。

20世纪80年代以来,随着科学技术的发展,土壤侵蚀模型与计算机和信息技术融合,土壤侵蚀预测工具从传统的图表发展到计算机软件。目前土壤侵蚀预测模型的研究已经由统计模型发展到具有一定物理意义的过程模型,由坡面模型发展到流域模型,由集总式模型发展到分布式模型,由只能预测年侵蚀量发展到可以预测不同降雨、不同时段的侵蚀量以及土壤侵蚀的连续过程,除传统的USLE外,RUSLE、WEPP、AGNPS、EUROSEM、LISM等新的土壤侵蚀模型不断出现。WEPP(Water Erosion Prediction Project)是美国农业部农业研究局于1985年主持开发的一个土壤侵蚀模型,是迄今为止较为成熟和先进的土壤侵蚀过程模型之一。WEPP已经被引入我国,在东北及南方丘陵地区有过应用。WEPP模型不仅给我们进行土壤侵蚀监测和水土保持治理提供了新的技术工具,其建模思路也给我们进行土壤侵蚀科学研究提供了很多借鉴。

到目前为止,先后有诸多科研单位开展黄河中游多沙粗沙区水沙变化研究,其中黄河中游水土保持措施减水减沙作用研究的主要成果是:水利部第一期黄河水沙变化研究基金课题“黄河水沙变化及其影响”研究;黄河流域第一期水保科研基金第四攻关课题“黄河中游多沙粗沙区水利水保措施减水减沙效益及水沙变化趋势研究”(简称水保基金);国家自然科学基金重大研究项目“黄河流域环境演变与水沙运行规律研究”课题二:黄河流域侵蚀产沙规律及水保减沙效益分析(简称自然基金);国家“八五”科技攻关项目“黄河中游多沙粗沙区治理研究”第一专题“多沙粗沙区水沙变化原因分析及发展趋势预测”研究;黄委黄河上中游管理局“八五”重点课题“黄河中游河口镇至龙门区间水土保持措施减水减沙效益研究”。以上五大课题研究,(其中前三项通称为“三大基金”研究)已经解决了许多问题,取得了重大进展,提出了完整系统的研究成果,是对治黄工作的一大贡献。主要表现在以下几个方面：

在"水文法"研究中，针对不同流域研制了降雨产流产沙数学模型，较好地反映了降雨和下垫面时空分布不均匀的特性；在"水文法"统计分析中，对有效雨量、有效雨强、7～8月降雨量及汛期降雨量等不同指标进行对比分析；在径流变化分析计算中将洪水、常水分开研究，再合并说明径流变化情况。

在"水保法"研究中，普遍重视对水保措施保存面积和减洪减沙指标的研究。黄河上中游管理局"八五"重点课题，建立了一套新的"水保法"小区坡面措施减洪指标体系，首次把数理统计方法运用于"水保法"坡面措施减水减沙效益计算。通过建立流域治理前的水文统计模型，提出了坡面措施减沙量计算的新方法——以洪算沙法，并取得较为成功的应用。

黄河水沙变化研究是一项庞大的系统工程。其变化原因复杂，涉及的因素多，牵涉面广。在以上研究中，尽管对黄河中游水沙变化规律进行了多方面的探讨，对计算方法进行了多方面的改进，但仍存在一些不足之处：一是计算方法不统一，欠严密；二是水土保持措施保存面积和减沙指标存在较大差异；三是基本资料不全，基础数据欠准确，难以进行精确定量分析。其中"三大基金"由于分析计算所采用的基本资料不统一，计算方法不完善，研究成果差异较大。以"水文法"计算结果为例，水沙基金分析认为，20世纪80年代黄河中游（河龙区间加泾、洛、渭、汾）水土保持年均减沙5.9亿t左右，自然基金计算结果为4.3亿t左右，水保基金计算结果仅为3.5亿t。"水保法"计算结果同样差异较大：水沙基金、水保基金和自然基金计算得到的20世纪80年代黄河中游水土保持年均减沙量分别为4.8亿t、2.5亿t和2.4亿t，最大与最小相差1倍。而在水保措施拦蓄指标和水保措施量的统计方面差距更大。五大课题对90年代以来黄河水沙变化研究中的一些新情况、新问题均未能深入剖析；在特大暴雨情况下水土保持措施减洪减沙效益研究均属比较薄弱的环节。

1.2.2　减洪减沙水文模型研究进展

流域水文模拟旨在应用物理数学和水文学知识，在流域尺度范围内，对降雨径流形成过程进行局部或综合模拟，从而达到确定流域水文响应的目的。流域水文模型则是体现这种数学模拟的逻辑装置。流域水文模型还是分析研究气候变化和人类活动对洪水、水土流失和水资源影响的有效工具。流域水文模型通常可以分为三大类：水文统计模型、概念性模型和物理模型。

（1）水文统计模型只关心模拟结果的精度，而不考虑输入—输出之间的物理因果关系，适用于在资料系列比较齐全的流域，因此又被称为黑箱子模型（Black-box model）。

（2）概念性模型（Conceptual model）是以水文现象的物理概念和一些经验公式为基础构造的，它把流域的物理基础（如下垫面等）进行概化（如线性水库、土层划分、需水容量曲线等），再结合水文经验公式（如下渗曲线、汇流单位线、蒸散发公式等）来近似地模拟流域水流过程。按对模拟流域的处理方法，概念性水文模型又可分为集总式模型（Lumped model）和分布式模型（Distributed model）。

（3）物理模型（水动力学模型）一般都是分布式模型，因此又称分布式水文物理模型

（Physically-based distributed model）。物理模型一般认为流域面上各点的水力学特征是非均匀分布的,从而依据物理学质量、动量与能量守恒定律以及流域产汇流特性,构造水动力学方程组,来模拟降雨径流在时空上的变化。与概念性模型中把基本单元简化为一个垂直圆柱体而只考虑水力的垂直向运动不同的是,物理水文模型提出既要考虑单元内部垂直方向的水量交换,又要考虑水平方向的水量交换。其中有代表性的有 SHE 模型和 DBSIN 模型等。

随着数据获取和数据库管理能力的提高,流域水文模型愈来愈综合化,一个模型开发出来,往往兼具上述各类别模型的某些特点,如 TOPMODEL 和 TOPKAPI 模型。

自 20 世纪 50 年代,国内外专家、学者及相关研究机构便针对黄河开始了流域水文模拟及泥沙数学模型的研究。到目前为止,已有数十种水沙模型在黄河流域进行了应用研究。

参考目前国内外研究成果,水文模型包括:①霍顿和菲利浦下渗公式。②改进型格林－安普特下渗曲线。③美国农业部土壤保持局 SCS（Soil Conservation Service）模型。④TOPMODEL 模型。⑤流域超渗—蓄满兼容产流模型。⑥黄河月水量平衡模型。⑦中大尺度流域水沙耦合模型。⑧MIKE11 河流模拟系统中的 NAM 模型。⑨DUFLOW 河流模拟软件中的 RAM 模型、bkGR3J 模型。

产输沙模型包括:①基于水流连续方程、水流运动方程和挟沙力方程推导的暴雨产沙方程。②降雨侵蚀分离能力模型。③清华大学暴雨产沙模型。④中大尺度流域水沙耦合模型。⑤改进型通用土壤流失方程。⑥黄委暴雨产流产沙模型。采用水文模拟途径分析水保措施对径流、泥沙的影响具有物理成因上的一致性,但该方法一般要求模型能够计算长系列的水文过程,若计算时段过短（如日、时）,则需要资料太多,不但计算烦琐,而且现有资料也难以满足要求。尽管上述模型均在黄土高原典型流域或试验区做了应用尝试,并取得了不错的模拟效果,但有的对资料要求过高,难以满足,有的参数太多,从而给模型的率定和应用带来诸多不便。

赵人俊等于 20 世纪 60 年代初提出蓄满产流概念,并于 1973 年开始建立流域包气带蓄水容量分配曲线为 n 次抛物线的数学模型,先后提出新安江模型和陕北模型。新安江模型在湿润半湿润地区得到广泛使用,模拟精度也比较高,对我国水文模型的发展起到重要的作用;陕北模型则在当时填补了我国在干旱半干旱地区流域水文模型的空白,但实际应用并不理想。同期国外则出现了几个著名的概念性水文模型,比如最简单的包顿模型和最具代表性的第Ⅳ斯坦福模型。包顿模型是澳大利亚的包顿（W. C. Boughton）于 1966 年研制成功的一个以日为计算时段的流域水文模型,在澳大利亚、新西兰等国有着广泛的应用,比较适合于干旱和半干旱地区。第Ⅳ斯坦福模型（SWM-Ⅳ）是世界上最早也是最有名的流域水文模型,模型主要研制者 N. H·克劳福特和 R. K·林斯雷从 1959 年开始用了 8 年时间才研制成功,此模型的特点是物理概念明确,结构层次分明,为以后许多模型的建立提供了基础,此后比较有名的还有萨克拉门托流域水文模型（简称萨克模型）和水箱模型。萨克模型是集总参数型的连续运算的确定性流域水文模型,模型以土壤含水量储存、渗透、排水和蒸散发特性为基础,用一系列具有一定物理概念的数学表达式来模拟水文循环的主要过程,每一个变量代表水文循环中一个独立的水文特性。

上述众多模型在许多环节上主要借助于概念性元素或经验关系的描述,如简单的下渗经验公式、带有经验统计性的流域蓄水容量曲线或具有底孔和不同位置侧孔的水箱等来模拟产流过程,采用经验单位线、线性或非线性"渠道"以及它们的不同组合形式来模拟汇流过程。这样的模拟无法对复杂的水文关系进行深入研究。真正具有标志性的是Freeze 和 Harlan 于 1969 年提出的分布式水文物理模型的概念和框架,但是限于当时的计算机水平,相关研究并不多。

在 20 世纪 70 年代到 80 年代中期,由于国际水文十年计划的相继实施,流域水文模型的研究取得了重大突破,这时期出现了一些比较著名的模型,如美国的斯坦福流域水文模型和萨克拉门托模型,日本的水箱模型、SHE 模型以及我国的新安江模型。80 年代后期至今,全世界范围内流域水文模型的研究进展缓慢,主要是利用伴随先进的计算机技术出现的地理信息系统、数字高程模型等对原有流域水文模型作一些修改和完善,如 MIKE-SHE 模型等。

20 世纪 80 年代之前主要是系统理论模型和集总式概念性水文模型快速发展和应用的时期。这一时期水文主要服务于水资源开发利用的需要,水文工作者主要依据传统产汇流理论和数理统计方法建立数学模型,应用于水利工程规划设计和洪水预报等领域,国内出现许多针对我国特点的产汇流和洪水预报模型。如李蝶娟等利用修正的 Horton 入渗曲线建立分层超渗产流模型,分别应用于长江、珠江等流域。

20 世纪 80 年代以后,随着国际科学界组织的全球变化研究计划的相继酝酿、实施和推进,流域水文模型也开始面临许多新的挑战,包括水文效应的时空变异,水文过程与环境、生态、气候以及人类活动的耦合等问题。以前研制的大部分水文模型(系统模型和概念性模型)因其自身的特性而无法适应这些挑战,人们开始关注分布式水文物理模型的研究。

在 20 世纪 90 年代,分布式水文物理模型成为水文学研究的热点课题之一。第一个最具代表性的分布式水文物理模型被称为 SHE 模型。该模型也采用了一些经验关系。后来在 SHE 基础上研制出来的 MIKE-SHE 模型和其他演化模型则应用性更强。

我国水文学者在此方面也进行了一些研究,比较具有代表性的有:黄平等(1997)对国外具有物理基础的分布型水文数学模型的研究进展进行了回顾与评述,分析了国外一些模型中存在的缺点,并在此基础上提出了流域三维动态水文数值模型;郭生练等(2000)提出和建立了一种基于 DEM 的分布式水文物理模型,模拟整个流域的径流形成过程,分析径流形成机理;夏军等(2003)开发了分布式时变增益水文模型(DTVGM),该模型既有分布式水文概念性模拟的特征,同时又具有水文系统分析适应能力强的特点,能够在水文资料信息不完全或不确定性干扰条件下完成分布式水文模拟与分析;熊立华等(2004)提出了一个基于 DEM 的分布式水文模型,主要用来模拟蓄满产流机制,并通过实例检验模型模拟流量过程以及土壤蓄水量空间分布的能力。

基于网格 DEM 的分布式水文模型考虑了各种空间参数在网格上的分布。降雨是模型最重要的输入。降雨资料一般通过距离倒数加权法、趋势面拟合法和克里格法插值到网格。此外,考虑高程影响的降雨三维空间插值模型也开始出现。雷达测雨技术的发展也为获取降雨空间分布资料提供了一种有效的手段。

目前很多分布式水文模型都建立在规则网格 DEM 基础上,如 SHE,TOPMODEL,
ANSWERS,SWAT,SVAT,VIC 等。从总体上说,基于 DEM 建立分布式水文模型代表了流
域水文模拟的发展趋势。各种分布式水文模型虽然有不同的建模思路,但模型的基本结
构却大同小异。模型所涉及的水文物理过程主要包括降水、植被截留、蒸散发、融雪、下
渗、地表径流和地下径流。尽管不同模型描述的产汇流机制不同,但几乎所有的模型都可
表示为许多节点形成的网络,节点表示流域中的某种蓄量或状态,而节点间的联系表示水
分的转移,因而任一模型都是由水量平衡方程和动力方程组合而成的。

国内外对产沙进行定量研究起步较晚,近期发展的模型则系统考虑了降雨击溅、径流
冲刷、径流搬运和沉积的子过程特征,建立了产汇流和产输沙不同演进阶段的连续模型。
另外,值得一提的是国内学者对国外一些分布式模型的改进和应用,比如郭生练、杨井等
建立的基于 GIS 的分布式月水量平衡模型,王中根、刘昌明等对 SWAT 模型的探讨和应
用,以及夏军和熊立华等对 TOPMODEL 模型的理论研究和实际运用。

从流域水文模型的研究进展和已有的水文模型来看,分布式水文物理模型由于明显
优于传统的集总式水文模型,又可兼顾概念性模型的特点,能为真实地描述和科学地揭示
现实世界的水文变化规律提供有力工具,俨然已成为未来水文学者研究的重点。

随着一系列理论和技术的不断发展和完善,流域水文模型,尤其是基于 GIS 的分布式
水文物理模型的研究和应用,必将在人们揭示水文变化机理、探讨水环境演化规律和研究
水资源的合理开发利用的过程中发挥越来越重要的作用,成为近年来发展的一个重要
方向。

1.2.3 水土保持措施水沙效应研究现状

1.2.3.1 坡面水土保持措施对径流和泥沙的影响机理

工程措施、生物林草措施和耕作措施是我国三大水土保持措施。在黄土高原水土流
失治理中主要的措施有人工草地、人工造林和水平梯田等,这些措施在防治土壤侵蚀的同
时能拦截降水和减少地表径流,等高沟垄耕作和沟垄种植等耕作措施也可明显减少坡耕
地的径流泥沙,起到较好的保水保土作用。

(1)工程措施

水土保持工程措施由坡面治理工程措施、小型蓄排引水工程措施和沟谷治理工程措
施三部分组成,通过改变地表的微地形来拦蓄地表径流,增加土壤降雨入渗,充分利用光、
热、水土资源,建立良性生态环境,减少或防止土壤侵蚀。它与水土保持生物措施及其他
措施同等重要,不能代替(王冉冉,2009)。早在西汉时期就出现了"雏形"梯田,梯田是我
国劳动人民智慧的结晶。相传 3 000 年前,长江流域就有水稻梯田;2 000 年前黄河流域
就有了旱作梯田。迄今为止,在坡地上修筑梯田,仍是我国第一位的水土保持措施。水平
梯田是黄土高原大面积坡耕地治理的重要措施(吴发启,2003),建设坡改梯基本农田,目
的在于保水、保土和保肥。在坡耕地上修水平梯田,原有的小地形得到了改变,地面的坡
度可以减缓甚至消除,田面也更加平坦,起到了减少坡面侵蚀的作用,但同时田坎也拦截
了坡面较多的径流(焦菊英,1999;吴发启,2003)。水平梯田通过改变地面坡度,使坡面
径流系数降低,坡长逐渐减小,径流流线变短,径流的冲刷能力也就随之减弱了,从而使田

面入渗更多的降雨,拦蓄地表径流,降低径流冲刷的能力。

(2)生物林草措施

生物林草措施是指在坡耕地种植不同作物、在水土流失地区种植不同的草类和植树造林措施,这些措施在减少泥沙的同时一定程度上能拦蓄坡面径流,使河川和湖泊的水文状况得到调节,还可使地表植被覆盖率增大,而且树木和草灌通过树冠和植物枝叶截留部分降雨,减少雨滴对地面的直接打击,减少土壤侵蚀和入黄泥沙,使生态环境得到改善。

刘向东(1994)对林地不同部位减弱动能的能力做了研究,认为灌木草本层减弱动能最大,为44.4%;其次是树冠,为17%~40%;枯枝落叶层最小,为9%。但林草枯枝落叶物具有很强的抗蚀特性,增加了土壤入渗量,延缓了地表径流形成的时间;而且地被物改善了土壤的物理性质,特别是枯枝落叶层的覆盖和分解,增加了土壤有机质,根系与土壤形成生物凝聚力,改善了土壤结构,增强了土壤稳定性。在黄土高原地区,林草植被覆盖度与土壤侵蚀率有明显的非线性关系(侯喜禄,1994)。林草地同样具有良好的吸水、蓄水与透水能力,一般吸水量为自身重量的2~2.5倍,容水量为1.08~11.28 t/hm²(侯喜禄,1994;刘宝元,2001),林草地土壤表层入渗率高达10~12.5 mm/min(查轩等,2002);具有庞大的根系是林木的特点,在陡坡地种植树木,林木根系固持土壤,产生抗滑力,使斜坡保持稳定。植物根系固定土壤表层,改善土壤理化性能,又提高了土壤的渗透能力、持水能力、土壤水稳性、土壤抗蚀性和抗冲性,改善土壤肥力和促进植物生长,增强土壤抵御侵蚀的能力。

(3)耕作措施

水土保持耕作措施主要用于治理低坡度耕地的水土流失(亢伟,2008),在黄土高原改变地表的微地形、增加地表的粗糙度(等高耕作、沟垄种植)和地表被覆率(多种作物间作套种、草田带状间轮作、免耕覆盖)以及改土培肥的复合式耕作措施是三类主要的耕作措施。以改变微小地形为主的耕作措施使土壤的孔隙度增加,可以延长坡面水分的渗漏时间,降雨入渗量也随之增加;横坡耕作(等高耕作)是一种沿等高线水平耕作的方法,犁沟的比降可以达到最小,径流的流速最缓,减弱其冲刷移运的能力,减少水土流失。水平沟耕作是等高耕作的一种形式,长期以来在旱坡地上用以防治水土流失,适用于15°~25°的黄土丘陵沟壑区陡坡耕地,它可以在较陡的坡地上进行,垄沟相间可起到蓄水拦泥、增加产量的作用。一个小土坝相当于一条垄,而且增加了地表的粗糙度,向坡面下流动的水分被阻滞于沟垄中,使土壤储存水分的容量增加,径流量和径流速率显著降低(陈世正等,2002;王健等,2005),具有明显的水土保持效果,也是一种使坡地变成梯田的主要措施。以增强土壤抗蚀性或增加地面被覆为主的水土保持耕作法主要包括少耕、免耕、混作和轮作。混作与轮作使地面覆盖度增大,延长了地面覆盖时间,避免了雨滴直接打击地面,使土团不至于被打击而分离,可以把由土粒分散而使地表结壳封闭减少到最低程度,让较多的水分进入土层;使土壤中根系量增多,提高固持耕层土壤的能力,枝叶和枯落物能分散和截持降水与地表径流,同时能增加土壤有机质含量,利于形成和恢复土壤团粒结构,改善了土壤理化性质,增强透水性能,起到了保持水土的作用(陈世正等,2002)。少耕包括浅耕和深松耕等,主要目的是破坏土壤表层结壳,使紧实的表土层疏松,改善土壤对水分的渗漏性质,并尽可能地保留较多的残茬覆盖,可有效防止或减缓径流对土壤的冲刷,达到防治水土流失的目的。

综合以上可知,水土保持工程措施、生物林草措施和耕作措施都可有效地拦截降水,减少地表径流,减少入黄泥沙。

1.2.3.2 坡面水土保持措施对径流量及泥沙量的影响程度

（1）坡面水土保持措施同步影响径流和泥沙

造林、种草等林草措施和梯田工程措施是主要的坡面水土保持措施,可以明显减少土壤流失量和坡面产流量（焦菊英等,1999;Kwaad,1998;Sharda,2002）,坡面水土保持耕作措施也可以明显提高蓄水保土和增产效益,而且水土保持措施对径流泥沙的影响程度受措施质量、降水特征等多种因素影响（熊贵枢和于一鸣,1996;王万忠和焦菊英,2002）。水量、泥沙量和水文过程会受到水土保持措施的明显影响。国外的研究结果表明,坡面的径流量和泥沙量因坡面水土保持措施而大幅度减少（Kramer et al,1999）;其他州的小流域也有类似表现（Meyer et al,1999）。国内的相关研究同样证明水土流失受农艺措施的影响很大,黄河流域陡坡地的水平梯田等各种梯田和人工种草造林措施能有效地拦蓄径流,减少泥沙;冉大川（2002）和刘斌（2001）等对黄河流域两大支流的径流和泥沙进行了研究,结果表明坡面水保措施大幅度减小径流量和泥沙量:两支流 1970～1996 年坡面措施年均减水量分别为 3 172 万 m^3 和 1 174.75 万 m^3;年均减沙量分别为 304 万 t 和316.25 万 t。对何店小流域的研究表明,水土流失在治理前后大不一样,治理后输沙量减少约 67%,径流量减少约 7%（胡传银,2004）;而对吕二沟流域坡面治理的研究分析表明,在平均每年减少进入黄河泥沙量 3.062 万 t 的同时减少径流量 16.99 万 m^3（高小平,1995）;冉大川对黄河流域河龙区间的多条支流做了研究,得出在 20 世纪八九十年代坡面措施平均每年减洪 1.46 亿 m^3,平均每年减少洪沙 0.496 亿 t。据黑龙江省北安县水土保持站和辽宁省沈阳市苏家屯区水土保持站观测资料,坡地采取等高垄作后,冲刷量减少75%～90%,同时径流量减少 54%～80%（唐克丽,2004）;据景可（2002）研究估计,2050 年黄土高原水土保持治理每年减少入黄泥沙 7 亿～8 亿 t,同时至少要减少黄河径流 60 亿 m^3,超过多年平均径流量的 10%。从不同研究的结果来看,有关水利水保措施能减少径流的研究不太多,当然在治理后径流量也有可能增加（李淼等,2005）。总之,水土保持措施作为治理水土流失的根本措施能明显地减少河道的泥沙和径流。

（2）坡面不同水保措施减少径流和泥沙的程度存在差异

不同水保措施类型、不同耕作措施、不同林分覆盖度、不同植被类型,以及不同土地利用类型在减少径流和泥沙的程度上有一定的差异。因此,许多研究人员就从不同的角度对不同坡面措施减少坡面径流和泥沙的作用机理进行了比较深入的研究（刘国斌,1996;Massman,1983;Turner,1989）。

据唐克丽等（1993）分析,黄河支流汾河流域人工水保林地拦沙量和拦水量分别为 35% 和 11%,而水平梯田较林地的大很多,相应的拦沙量和拦水量分别为 92% 和 89%。王飞（2004）研究了渭河流域坡面水土保持措施的减沙水代价,得出不同坡面措施减沙水代价从小到大依次为梯田、造林和种草。莫莉（2008）分析了北洛河流域不同的水利水保措施减沙水代价特征,得出不同区域水保措施减沙水代价存在差异。刘元保等（1990）运用人工降雨研究了人工草地、荒草地在黄土性土壤陡坡地上的水土保持效益。在雨强为

3.25 mm/min,降雨量为 50 mm 的条件下,与裸露地对比,在 5°、10°、20°的沙打旺小区,径流量分别减少 93.56%、95.98% 和 94.68%,平均减少 94.74%,侵蚀量可减少 84%~99%。冯浩等(2005)对草地坡面径流进行了调控放水的试验,认为草地的减沙减水效应很明显,平均径流系数较裸地减少 28.3%,输沙率减少 78.4%,草地削减径流作用明显弱于减沙作用;王飞(2005)研究河龙区间坡面水土保持措施减沙水代价,得出措施减沙水代价随着流域基期平均输沙模数的增加而减小,与年均降水量呈显著正相关关系。董荣万(1998)在黄土高原定西地区高泉沟小流域系统研究了各种坡面水保措施与土壤侵蚀的关系,得出林草措施减水量占全流域减水量的 18.46%,梯田工程占 42.29%,林草措施减沙量占全流域减沙量的 31.37%,梯田工程占 13.48%。水平梯田比陡坡耕地的径流量减少 62%~67%,侵蚀产沙量减少 95.0%~97.8%。一般情况下,径流减少幅度较泥沙小一些,但受多种因素影响,也可能出现减少径流比例高于减少泥沙比例的情况。

侯喜禄(1994)、唐克丽(1993)对主要泥沙来源区的黄土丘陵区的林地被覆率与径流泥沙之间的关系进行了研究,得出林地径流泥沙和被覆率呈线性关系;罗伟祥(1990)在黄土高塬沟壑区的一个径流小区做了试验,得出了径流量和冲刷量与植被覆盖度间的关系为单因子倒数和负对数关系;江忠善(1990)和亢伟(2008)对 20 世纪 80 年代末陕北安塞站的两种不同人工草地径流场进行了回归分析,认为植被被覆率与坡面人工草地侵蚀模数的相关性较好;山西省水土保持科学研究所长期的研究表明,郁闭度在 80% 左右的林地可减少地表径流量的 85.2%,12 种牧草可平均减少 47.5% 的地表径流量(景可和申元村,2002)。对中国黄土高原甘肃天水和西峰、山西离石和陕西绥德水土保持试验站观测径流小区资料进行分析,得出坡耕地与荒坡地比覆盖有草本植物的坡地径流量增加 37.5%,泥沙增加 47.3%(王万忠和焦菊英,1996)。

林草植被对土壤侵蚀有明显的控制作用,与裸地相比,松林、阔叶林、草地对地表径流的控制率达到 63%~89%,对土壤流失的控制率达到 70%~94%(柳艳,2006)。1985 年侯喜禄等(1994)对野外柠条、刺槐、沙打旺、天然草地小区与农地小区作对比,发现径流量分别减少 99%、86%~93%、56%~82% 和 14%,泥沙量分别减少 99%、98%~99%、95%~97% 和 63%。侯喜禄(1990)在 1990 年研究了不同类型水土保持林的蓄水保土效益,得出柠条成林较牧荒坡可减少径流 90% 以上,减少冲刷量 99.6%~97.1%;在两个郁闭度相同的刺槐林小区中,当活地被物盖度增加 10% 时,在暴雨和大雨中侵蚀量分别减少 23.5% 和 59.8%,而对径流无影响。在陕西延安县大砭沟生长 5~6 年的刺槐、榆树混交林地较荒坡地减少径流量 61.7%~79.6%,减少泥沙 83.1%~89.5%。

延安市水土保持科研观测资料表明,水平沟种植比普通种植平均可减少径流29.0%,平均减少冲刷量 76.7%;水平沟种植黄豆和水平沟玉米套种黄豆比平作黄豆径流减少依次为 48.82% 和 55.71%,冲刷量减少依次为 97.17% 和 96.67%(卢宗凡,1988)。绥德水土保持试验站测定,棉花与苜蓿进行带状轮作比棉花等高耕作径流与土壤流失量分别减少 59% 与 85%(陈世正,2002)。原陕西省阳高水土保持试验站测定,苜蓿与农作物在坡耕地上间作比对照可减少地表径流量 39.5%,减少土壤冲刷量 51.5%。埠新市水土保持试验站测试表明,实行草粮带状间作比大田单作减少径流量 77.8%,减少土壤冲刷量 91.6%(唐克丽,2004)。卢宗凡等(1997)在陕北地区进行了 6 年草粮带状间轮作试验,据 6 年的观测资料分析,得出 4 种处理的草粮带状间轮作,平均径流量减少了 14.5%,侵蚀量减少了 72.87%,与传统单种作物比较,草粮带状间轮作的径流略有增加,侵蚀量减少了 10% 以上(卢宗凡,1977)。陕西省渭北高原在 5°~25°坡耕地上进行了少耕残茬覆盖法试验,结果表明,这种方法使土壤流失量减少了 46%~91%,径流量减少了 40%~80%。延安市水土保持研究所在水平沟基础上又进行了留茬倒垄复式耕作法试验,结果表明此种耕作法水土保持效益最明显,径流量减少 16%,冲刷量减少近 60%(陈世正,2002)。

1.3 目前存在的主要问题

黄河水沙变化研究是一项庞大的系统工程,其变化原因复杂,涉及的因素多,牵扯面广,是一项难度很大的课题。从现有研究成果看,在减水减沙效益试验研究及计算评价方法中还存在不少问题,需要进一步改进和探讨。

1.3.1 试验观测方面存在的问题

(1)水土保持重点治理区往往缺乏水沙试验观测资料,给分析研究工作增添了困难。

(2)黄河中游主要是坝库减沙,水保工程淤地坝的减水减沙作用是非常明显的,但却缺少淤地坝等沟道工程拦沙减蚀作用的试验观测资料。

(3)在坡面小区观测、小流域径流泥沙观测和室内实体模拟试验中,仍缺乏对坡面径流产沙的水力过程、坡沟系统侵蚀产沙机制及其耦合关系等内容的精细试验观测,甚至对许多关键物理参数如糙率、摩阻系数、泥沙输移比等没有进行过专门的试验观测,因而使得减水减沙效益评价数学模型的构建和应用缺乏丰富的物理参数支撑,直接制约着减水减沙效益评价方法的发展和应用。

1.3.2 计算方法存在的问题

1.3.2.1 "水文法"存在的问题

"水文法"是从水文统计方面分析计算河流水沙变化的一种方法。它通过对流域治理前实测水沙资料的统计分析,建立对应的降雨径流、降雨输沙关系式,即降雨产流产沙模型;将流域治理后的降雨资料代入模型,求得在相当于未治理情况下可能的产水产沙量,即"天然"产水产沙量,再与治理后同期实测径流泥沙量相比,其差值就是水利水保措施的减水减沙量。降水量的丰枯变化,导致河流水沙变化为正常现象,因此分离降水对河流水沙影响,是应用水文资料分析流域治理效果及流域水沙变化成因的关键。存在的主要问题包括:

(1)根据"水文法"所求结果是水利水保措施及人类活动综合作用的结果,很难精确地将水利水保措施的减水减沙量从结果中分离出来。

(2)过去流域雨量观测站点不足,难以根据记录判别出产流降雨和不产流降雨,公式中使用的有效降雨量和有效降雨强度很难说是准确的。

(3)一个大的流域通常包括很多的环境类型区,侵蚀类型区不同,各次降雨的时空分布不同,在相同的流域平均降雨量情况下,各类型区不会产生相同的沙量。因而,公式计算的数值和实际产沙量有一定的差距。

(4)降雨是有周期性的,在不同阶段暴雨的多少和强度的大小是不同的,因而产沙量也是不同的。暴雨多,强度大,产沙多;暴雨少,强度小,产沙少。根据"水文法"计算原理,评价模型是用暴雨多、强度大的20世纪50、60年代雨沙资料建立起来的,相对近期的产流产沙的降雨背景而言,其系数、指数偏大。

(5)虽然分析水土保持措施减水减沙效益的方法很多,但没有较成熟的水文统计模型,因为影响水沙变化的因子较多,难以全面考虑,且水沙关系非线性,资料的长短及其代表性显得尤为重要。而产沙输沙的水文概念性物理模型起步较晚,还不能像降雨径流模型那样方便地应用。

1.3.2.2 "水保法"存在的问题

"水保法"即水土保持分析法,也叫成因分析法。它是根据特定条件下的水土保持各单项措施的减水减沙对比观测资料,经过综合分析后得出各类措施的拦蓄效益指标,然后将各措施量乘以相应的效益指标后再逐项相加,即得流域治理拦蓄效益。"水保法"计算精度的关键是各项措施减洪减沙指标的确定和治理措施数量、质量以及分布的调查落实。

由于水土保持措施指标的选择不仅受措施本身状况(包括措施数量、质量、管理以及分布等)的影响,而且还受水文、气象边界条件以及时间尺度的影响,指标的正确选取相当困难。目前研究中,措施面积和影响参数都带有很大的不确定性。主要包括以下几个方面:

(1)计算过程中,虽然措施的类型和数量在方法中能直接被反映,但措施的质量差别、配置部位差别、降雨特征差别等难以体现,而这些因素对产流产沙有着显著的影响。

(2)措施数量、种类、质量、面积的统计确定,受到许多人为因素的干扰。例如,在几十万平方千米的广大面积上,各项措施治理面积的统计,只能通过抽样调查落实,这其中带有很大的任意性。

(3)蓄水拦沙指标的确定是将径流小区观测资料加以折减移用到大面积上的,在"小区推大区"过程中折减系数的确定还缺乏科学的方法。

(4)应用小区单项措施减水定额叠加不能正确反映各项措施的综合效益,即存在"单项推综合"的问题。例如"水保法"在考虑坡面措施的减水作用时,把它的作用孤立来计算,而没有考虑到因坡面减水后对沟道的减蚀作用,类似于这样的问题还有上游减水减沙对下游侵蚀的影响。

(5)坡面和沟道水保措施拦蓄的地表径流量,除用于农田和林草地蒸散发外,其余部分将转化为土壤水,最后将以地下径流形式回归河道,而现用的"水保法"很难计算各部分回归水,从而影响了计算精度。

(6)没有考虑降雨特性的差别对产流产沙的影响。任何一项措施的减水减沙效益都不是一个常量,它是随降雨条件的改变而改变的,尤其像黄河中游这种以暴雨为产流产沙主要外营力的地区,降雨特性对拦蓄措施的影响非常大,从而很难将某场或某期间特定降雨条件下所测定的减水减沙效益作为代表值,离开降雨来确定某项水土保持措施的减水减沙效益指标是不能反映实际情况的。

1.4　需要进一步研究的问题

（1）用"水文法"计算减洪减沙效益时，应对不同的土壤侵蚀类型区分别建立产洪产沙模型。

一个流域通常包括多种土壤侵蚀类型区，不同类型区的降雨情况虽然有可能相同，但产沙量差别很大，如果用同一个产洪产沙模型计算，则不能体现不同类型区的特征，从而产生较大误差。在此情况下，每个流域应分类型区建立降雨产洪产沙模型，以保证计算结果的精度。

（2）应加强坡面治理对沟道侵蚀的影响研究。沟道侵蚀与坡面径流有十分密切的关系，坡面措施不仅可以减少坡面径流侵蚀产沙量，而且可使沟道侵蚀量明显减少。以往的研究多将坡面与沟道作为两个独立的侵蚀产沙单元研究，从流域系统的观点出发，将坡面—沟道的侵蚀产沙过程作为一种耦合关系研究得还很不够。但在传统的"水保法"计算中，利用坡面产沙模数计算坡面措施拦沙量，没有考虑坡面径流量对沟道侵蚀的影响，因而使坡面措施拦沙量偏小。"八五"国家科技攻关项目提出的"以洪算沙"法从一定程度上克服了传统"水保法"对各种措施孤立计算的缺陷，但"以洪算沙"法对减沙量的推算建立在治理前洪水泥沙线性关系的基础上，因此该法仍然未考虑治理对洪水泥沙关系的影响，这仍有待进一步完善。在今后的研究中，还要从基本资料、基础理论方面入手，通过实测资料，分析水沙规律，注重对产水产沙机理的研究，使计算方法建立在一定的理论基础之上，这样计算出来的结果才会更加符合实际情况。

（3）继续改进水利水保措施减水减沙效益计算方法。"水文法"是脱离了具体的水利水保措施来计算效益的，这就使得效益的"主体"模糊不清，即它无法计算各项措施在水保效益中所占的比重；"水保法"则是将措施近期拦蓄效益指标孤立于产水产沙环境之外，缺乏理论依据，使得计算出来的效益存在较大误差。因此，在今后的研究中，应该探索出一种建立在产水产沙机理之上的，并能充分体现水土保持措施影响的计算方法。这一思想可以用下列模型表示，即：

$$F_{产水}（或 F_{产沙}） = f(P, C, K) \tag{1-2}$$

式中　　P——降水条件；

　　　　C——水保措施，并能反映措施类型、数量、质量、分布等变化；

　　　　K——其他条件。

目前，在我国建立的产流产沙模型中，有的只考虑了 P，有的考虑了 P 和 K，但同时考虑 P、K、C 的尚未见到。

1.5　研究内容及技术路线

1.5.1　研究内容

本书重点对位于黄河中游多沙粗沙区的三川河流域、皇甫川流域、岔巴沟流域实施水土保持综合治理后的水沙变化展开研究,分析水保措施的实施对水沙变化的影响,并对该流域近期的减洪减沙效益进行计算。拟开展以下几方面的研究:

(1)流域水沙特性分析

包括研究区的流域概况、流域水沙来源分析,降雨、径流、泥沙特性分析,以及人类活动对水沙变化的影响等。

(2)流域水沙系列突变点分析

以位于河龙区间的 5 条支流三川河、皇甫川、窟野河、无定河、延河为例,对这 5 条支流的径流泥沙资料进行独立同分布检验,重新确定人类活动对流域径流泥沙显著影响分界年。

(3)水土保持措施减洪减沙效益评价

对以往研究中建立的流域水沙评价模型进行验证,并利用"水文法"及"水保法"两种计算方法分别计算研究流域近期(1997 ~ 2006 年)的减洪减沙效益,并结合该流域以前的计算结果进行对比分析。

1.5.2 技术路线

本次研究将基于水土保持学、水文学及数理统计的基本理论和观点,采用理论探讨、水文观测资料分析及数学模型计算等多种研究方法和手段进行攻关。

(1)通过与黄委水文局、黄河上中游管理局、山西省水利厅等多方联系,收集所需水文观测资料及水保资料,并对大量资料进行统计整理。

(2)在水利部第二期黄河水沙变化研究基金项目基础上,分析三川河流域 1997 ~ 2006 年的洪水、径流、泥沙特性,并与前期统计值进行对比,分析该流域水沙变化的原因及趋势。

(3)在对双累积曲线法划分径流泥沙系列的突变点进行分析的基础上,将三川河、皇甫川、窟野河、无定河、延河 5 条支流作为研究对象,利用水文统计学原理,将这 5 条支流 2000 年以前的连续径流泥沙观测资料作为样本,对该样本进行独立同分布检验,确定这 5 条支流人类活动对流域径流泥沙显著影响的分界年。

(4)总结历年针对研究流域所建水沙评价模型,并对模型精度进行验证,根据验证结果选择一个精度较高、公式结构较简单、参数较易获取的模型作为本次研究的计算模型。

(5)利用"水文法"计算原理,统计水沙评价模型所需参数,代入模型计算,并结合水利部第二期水沙变化研究基金的成果对近年来研究流域水土保持综合治理的减洪减沙效益进行分析。

(6)利用"水保法"计算原理,调查核实研究流域梯、林、草、坝等各项水保措施的面积,根据水保试验站对各项措施减洪减沙作用的观测资料,将各项措施分项计算后逐项相加,求得水保措施的减洪减沙效益,并结合"水文法"的计算结果进行对比分析。

技术路线图如图 1-1 所示。

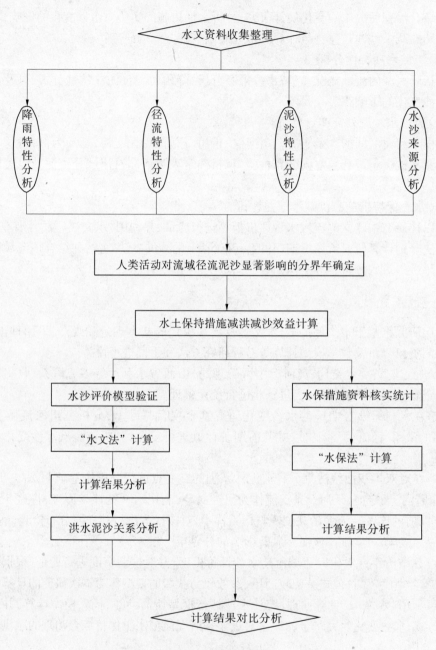

图 1-1 技术路线图

第2章 研究区域概况

2.1 黄土高原基本情况概述

2.1.1 黄土高原地区的自然环境特征

黄土高原西起日月山,东至太行山,南靠秦岭,北抵阴山,涉及青、甘、宁、蒙、陕、晋、豫7省(区)的46个地(盟、州、市)306个县(旗、市、区)。总面积64万km²,其中水土流失面积45.4万km²,是我国乃至世界上水土流失最严重、生态最脆弱的地区。

(1)地形地貌

本区地质结构复杂,基底构造活动差异性大,受区域大地构造控制,黄土地貌分为黄土高原、黄土盆地和黄土冲积平原三大类型;受局部构造支配微观地貌为高原、梁峁、壕地、洞地以及沟地等。

(2)土壤植被

本区土壤的风成母质微细、疏松,地带性变化较明显,受局部构造支配土壤退化、沙化现象严重。自东向西跨越落叶阔叶林地带、草原地带、荒漠地带和青藏高原植被地带,原始植被破坏严重,并处于森林—草原—荒漠的"生态应力带"上。

(3)气候与降水

本区为大陆性季风气候。冬季在强盛的极地干冷气团控制下,雨雪稀少。降水量总的分布趋势是以由东南向西北递减的400 mm等雨量线为界,西北为干旱、半干旱区,东南为湿润、半湿润区。降水不仅变幅大,且多暴雨,存在着很多局部暴雨中心。

(4)水资源

本区自产径流量为350亿m³,人均水资源量为390 m³,每公顷耕地平均水资源量为1 875 m³。水资源分布十分复杂。

2.1.2 黄土高原社会经济特征

黄土高原已有4 000年的农垦史。自秦、汉、唐代屯围戍边以来,经明清大规模的军(屯)垦,以及东汉、晋、五代、宋辽、西夏时期游牧民族的南下,到清末民初及新中国成立以来的大量垦荒,人类活动愈来愈剧烈。受汉族农耕文化的影响,历史上以农耕为主、广种薄收的习惯逐代沿袭,未被垦殖的荒草地也严重超载过牧,汉族和少数民族不断冲突和频繁战争,给生态和经济带来了沉重灾难,水土流失、干旱、洪涝冰雹等自然灾害也不断发生。虽然新中国成立后,社会经济状况发生了很大变化,但经济、社会、资源和环境之间的矛盾仍然十分尖锐,扩田拓地和广种薄收现象仍在沿袭,长期大规模的资源开发、建矿、修路等开发建设又不断增加新的水土流失,生态环境恶化与社会经济落后互为因果,恶性循环。

农业是黄土高原的传统产业,农业发展对区域经济社会的发展起到了举足轻重的作用。新中国成立以来,黄土高原的农业取得了前所未有的巨大发展,但仍然不能很好地担负起为现有 9 000 多万人口提供粮食、蔬菜和其他农副产品的任务。黄土高原蕴含丰富的石油、煤炭和天然气等矿产资源,是我国 21 世纪重要的能源重化工基地,城镇和工业的发展已经对传统产业和产业结构提出了严峻的挑战。黄土高原农村产业结构不合理主要反映在种植业是农村产业的绝对主体上。因此,冲破单一经营意识,提高种植业的经营效益,加快农村工副业、牧业和林业的发展,制止滥垦、滥牧、滥伐现象,促进传统产业升级换代,是进行产业结构调整的关键。

黄土高原的人口问题已成为区域生态环境改善、经济开发和人民生活水平提高的重要限制因素。由于人口增长过快,给社会发展带来许多不利影响。部分地区人口增长速度已接近或超过粮食增长速度。由于人口增长过快,社会人均粮食反而下降。从黄土高原青、甘、宁、蒙、陕、晋、豫等 7 省(区)人口增长情况分析,在第二次至第三次人口普查期间,青、甘、宁、蒙、豫等 5 省(区)人口增长速度都高于全国平均水平,特别是宁夏、青海人口增长速度为全国之冠。

黄土高原是我国经济落后地区,是我国贫困人口的主要集中地区,也是国家重点扶贫地区之一。农村贫困人口人均纯收入仅为全国农民人均纯收入的一半,贫困发生率高达 20% 左右。区域贫困凸现是农村贫困的主要形式,农村贫困人口 60% 以上主要集中在陕北、定西、陇东、晋西等地区。黄土高原的贫困既有自然性、历史性的贫困,也有结构性的贫困。新中国成立后,特别是改革开放以来,党和政府通过财政补贴、基本建设投资、"三西"专项拨款、"八七"扶贫攻坚,以及以工代赈、扶贫贷款、不发达地区发展基金等对这一地区投入大量的物力和财力进行救济,使区域农民生活水平有了显著提高,但这一地区的落后面貌并未彻底解决,结构性贫困并未根本改变,并且返贫现象比较严重。如何依托黄土高原资源优势,加快自我发展能力的形成和实现整体经济实力的增长,提高当地居民生活水平,仍将是十分严峻的任务。

2.1.3 黄土高原水土流失情况

黄土高原涉及我国中西部地区的 7 个省(区),总面积 64 万 km²,其中水土流失面积 45.4 万 km²,占总面积的 70.9%,是我国乃至世界上水土流失最严重、生态环境最脆弱的地区。黄土高原的水土流失具有以下特点:水土流失面积大,强度高;沟蚀特别严重;产沙区域集中;水土流失的年内和年际分布不均;人为破坏新增水土流失面积严重。黄河中游 7.86 万 km² 的多沙粗沙区,水土流失尤为严重,是黄河流域水土保持综合治理的重中之重。

水土流失种类可分为黄土丘陵沟壑区(下分 5 个副区)、黄土高塬沟壑区、风沙区、土石山区等九大水土流失类型区,每个类型区都有不同的水土流失特点,本书研究的岔巴沟流域属于黄土丘陵沟壑区。

黄河中游产沙区非常集中,据近年的进一步界定,黄河多沙粗沙产沙区面积约为7.86 万 km²。虽然该区面积仅占黄河中游流域面积 34.38 万 km² 的 23%,但其产沙量却占整个中游地区输沙量的 70% 。多沙粗沙区不仅是水土流失的集中区,而且,由于其中广布有砒砂岩基岩,因此也是最难治理的地区。根据 1964 ~ 1990 年的实测水沙资料分析,在黄河下游年均来沙量 12.30 亿 t 中,粒径大于 0.05 mm 的粗颗粒泥沙约占 22.4%,而下游河道淤积物中的 50% ~ 60% 、主槽内淤积物中的近 90% 均为这类泥沙。而这类泥沙几乎全部来自于多沙粗沙区,因此集中力量重点治理多沙粗沙区,对解决黄河下游河床抬高的问题具有重大意义。

2.2 三川河流域概况

2.2.1 流域简况

三川河流域是位于河龙区间多沙粗沙区的一条典型支流。1982 ~ 1997 年,该流域被列为国家水土保持重点治理区,国家和山西省在三川河流域的水土保持方面投入了大量的人力物力,通过修建水库,扩大农业灌溉面积,发展各种水保措施,流域的治理得到快速发展,经济和生态环境得到较大改善。

三川河发源于山西省方山县东北赤坚岭,流经方山、离石、中阳、柳林 4 县,在柳林县石西乡上庄村汇入黄河,是晋西地区主要的水源之一。地理位置介于北纬 36°55′ ~ 38°10′、东经 110°33′ ~ 111°36′,流域面积 4 161 km²。该流域在行政区划上,位于山西省吕梁市境内,东邻交城、文水、汾阳、孝义,西靠临县,北依岚县,南接交口、石楼。东西宽约 34.7 km,南北长约 120 km。

由于该流域位于黄土高原区,属于温带大陆性季风气候,水资源极为贫乏,再加上地形地貌较为复杂,植被覆盖率较小,水土流失严重,水土流失面积 2 810 km²,占流域面积的 67.5% 。从 20 世纪 50 年代,特别是 1983 年之后,国家和山西省在三川河流域的水土保持方面投入了大量的人力物力,使流域的治理得到快速发展,经济和生态环境得到较大改善。

2.2.2 干流水系及典型支流

三川河位于吕梁山以西,晋西中部,由北川河、东川河、南川河三大支流汇集而成(见图 2-1)。

北川河为三川河的干流,发源于山西省吕梁山北段西麓方山县东北的赤坚岭,流经离石县,离石县城西王家塔为东川河汇流入口。自北至南有开府沟、马坊沟、南阳沟、麻地会沟、圪洞沟、峪口沟和店坪沟等 7 条较大支流汇入,全长 95 km,流域面积 1 856 km²,河床比降 0.79% 。上段多为土石山区,河谷宽 100 ~ 150 m;下段为黄土丘陵沟壑区,河道宽 1 000 ~ 2 000 m。

东川河位于离石区东北,由大东川、小东川两个源头组成,两者在车家湾汇合,由东向西流经田家会,在离石市注入三川河左岸。其中,偏北方向的为小东川,发源于吕梁山脉骨脊山,呈东北—西南流向,长 32 km,流域面积为 414.3 km²,河床比降 2.6%,河谷宽 800 ~ 1 200 m;偏南的为大东川,发源于吕梁山西麓的神林山沟,经吴城镇,呈东南—西北

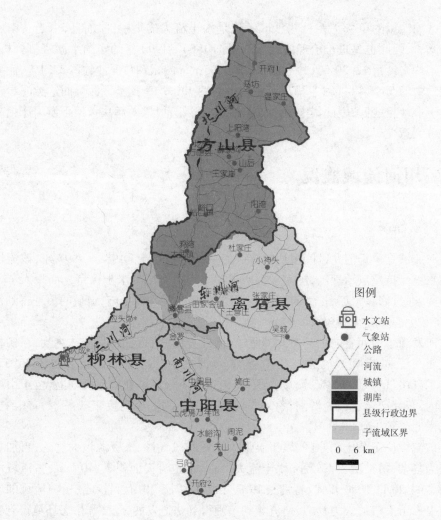

图2-1 三川河流域水系与主要水文站

走向,长44 km,流域面积537.5 km²,河床比降1.15%,河谷宽1 000 m。东川河上游为土石山区,中下游为黄土丘陵沟壑区。

　　南川河发源于吕梁山西麓,山西省中阳县刘家坪乡凤尾村界牌岭,由南向北流经中阳县城、金罗等,在离石区交口镇汇入三川河,然后转向西流。它的上游有两支:偏东的一支叫东川河,流经枝柯;偏南的一支叫南川河,为其主河道,河长60.4 km,流域面积825 km²,河床比降1.0%～1.6%,上游为石质山林,中游为黄土丘陵沟壑区。自陈家湾水库修建后,下游已建成大片农田,为中阳县粮食生产重点区之一。沿河较大的支沟有高家沟、水峪沟、白草沟、尚家峪沟及乔家沟等。

　　除上述3条较大支流外,还有流域面积50～100 km²的支沟12条;10～50 km²的支沟54条;5～10 km²的支沟32条;5 km²以下的支毛沟1 501条,总计大小沟道1 599条,沟壑密度平均3.5 km/km²,沟壑面积占流域总面积的40%。这些沟道由于气候影响,均有明显的夏雨性和山地性的特征,枯水流量无或甚微,洪水流量大,河床比降陡,冲刷严重,泥沙含量大,有水也难控制利用。其主要支流特征值见表2-1,地面坡度组成见

表 2-2。

表 2-1　三川河主要支流特征值

河名		起止地点	河长 （km）	流域面积 （km²）	河床纵坡 （%）	河谷宽度 （m）	流向
北川河	上游	方山麻地会—圪洞	45	749	0.85	100 ~ 2 000	西南
	中下游	圪洞—离石交口	50	1 106.7	0.6		西南
东川河	上游	离石薛公岭 长条岭—车家湾	33	874.3	1.4 ~ 2.6	800 ~ 1 200	西南 西
	下游	车家湾—离石城关	11	72.3	0.9		西
南川河	上游	中阳上顶山—万年饱	30	286	1.54	700 ~ 1 250	北
	中下游	万年饱—离石交口	30	524	1.05		西北
三川河		离石交口—柳林上庄	73	548.7	0.38	500 ~ 1 200	西南

表 2-2　三川河地面坡度组成情况

项目	合计	< 5°	5° ~ 8°	8° ~ 15°	15° ~ 25°	25° ~ 35°	> 35°
面积 （hm²）	416 100.02	26 985.32	42 194.7	79 325.01	80 968.16	112 851.3	73 775.53
所占比例 （%）	19.37	6.49	10.14	19.06	19.46	27.12	17.73

2.2.3　地形与地貌特征

三川河位于黄土高原地区,地形地貌较为复杂。通常按地形地貌的主要特征,可分为以下三个类型区:土石山区、河谷川地区、黄土丘陵沟壑区。由这三种地形构成呈现出一种由北向南倾斜的地形走势。

流域可分为三种土壤侵蚀类型区:

(1)土石山区,主要分布于三川河河源区的吕梁山区,面积为 1 854 km²,占全流域面积的 44.6%;此区域地势较高,海拔多在 1 800 m 以上,植被良好,水土流失轻微。

(2)河谷川地区,即干支流沿岸川地,面积 521 km²,占全流域面积的 12.5%;此区域由于水利条件较好,大多已发展成灌区,是当地农业的高产区。

(3)黄土丘陵沟壑区,即介于上述两个区域之间的地带,面积为 1 786 km²,占全流域面积的 42.9%;此区域丘陵起伏,黄土覆盖层厚 50 m 左右,沟壑纵横,植被稀少,水土流失严重,区内旱灾频繁,农业生产水平低下,是三川河流域洪水泥沙的主要来源区。

根据全流域的侵蚀地貌类型,三川河流域又可被集中概括为 4 种地貌单元,即剥蚀中山地貌、侵蚀构造中山地貌、侵蚀剥蚀梁峁状丘陵和侵蚀堆积河川阶地。以下为各种地貌的具体流域位置:

·21·

（1）剥蚀中山地貌：主要分布在流域北部，即北起方山关帝山、上顶山，南到中阳八军山以东的山地，海拔 1 800 m 以上。以缓慢的构造运动和强烈的风化侵蚀作用为主，岩石裸露，为花岗岩入侵体，由变质岩及后层石灰岩等组成。

（2）侵蚀构造中山地貌：分布在马头山、薛公岭、雪岭山一带，为高山峰尖间的鞍部山脊或低孤峰，海拔 1 300~1 900 m，多为石灰岩分布，水系发育，切割强烈，多呈 V 字形河谷。山头多为浑圆形，山坡呈阶梯状，山坡大部分覆盖厚度不等的残积坡积物，局部地区有黄土覆盖。

（3）侵蚀剥蚀梁峁状丘陵：包括北川、东川、南川中下游及干流的大片黄土覆盖区，海拔 650~1 300 m，侵蚀严重，大片塬地被切割得支离破碎，形成典型的黄土丘陵沟壑景观，中部为梁峁状丘陵，西部呈现峁状丘陵，此外还有残塬、梁地、峁地、黄土台坪等地貌形态。

（4）侵蚀堆积河川阶地：分布于河流宽谷中，主要以河漫滩、堆积阶地和冲积洪积扇的形式出现。

2.2.4　土壤类型与分布

三川河流域土壤类型主要为棕壤、绵土、褐土、草甸土（见表 2-3），其中，棕壤集中分布于方山县脊骨山、离石县云顶山和中阳县上顶山等海拔在 1 800~2 200 m 的土石山区；绵土分布于海拔 1 600~1 850 m 的土石山区；褐土是本流域主要的土壤，分布于海拔 1 000~1 900 m 的各类型区；草甸土分布于川地和阶地，土壤质地多为砂壤土（见图 2-2）。

表 2-3　三川河流域主要土壤类型及分布情况

支流名称	土壤类型	分布范围	土壤特征
三川河	棕壤	主要分布于上游	垂直地带性土壤，pH 值大于 7，呈碱性，土层深厚，质地为轻壤
	绵土	分布于梁、峁、顶、坡	土层深厚，层次不明显，土色淡黄，质地粗糙，孔隙度大，结构性差，肥力低，有机质含量低
	褐土	分布于流域中下游的梁峁	成土母质为黄土，土层厚，多为黄色或褐色，肥力较高，抗蚀能力差，有机质含量低
	草甸土	分布于流域川地、阶地区	土壤质地为砂壤土或轻壤土，细粒结构，容易利用水热条件，肥力较高

2.2.5　植被状况

三川河流域植被覆盖率低，且自东南至西北逐步递减，由乔灌植被向草灌植被转化，直至北部鄂尔多斯荒漠植被。尽管如此，全流域的林草地覆盖率较其他植被的盖度大，占流域面积的 39.8%。其中，林地为 1 387.07 km²，覆盖率为 33.4%，主要包括天然林地和人工林地两种类型，占地分别为 666.4 km² 和 720.67 km²；草地覆盖率为 6.5%，约

	草原风沙土
	潮土
	粗骨土
	淡栗褐土
	钙质粗骨土
	褐土
	褐土性土
	绵土
	栗褐土
	淋溶褐土
	草甸土
	石质土
	脱潮土
	棕壤
	棕壤性土

图 2-2　三川河流域土壤类型

269.27 km^2,且以天然草地为主。天然草地主要分布在吕梁山脉森林线以下的山坡地带及梁峁地带、农耕地边缘和植被较好的土石山区(见表 2-4)。

表 2-4　三川河流域主要植被及分布情况

支流名称	植被类型	分布范围	植被特征
三川河	华北落叶松、青杆、云杉针叶林和桦、杨阔叶林及灌丛草地	主要分布于流域上游	以针叶林为主,针阔叶混交林居次要地位;华北落叶松林层分布最高。针阔叶混交林中,油松、山杨、白桦在上游各处都有零星分布;辽东栎几乎全呈灌丛状,林间灌丛草地面积大
	白羊草、茭蒿、长芒草草原	主要分布于流域中游和下游地区	以白羊草、长芒草、茭蒿、铁杆蒿、达乌里胡枝子等占优势。但在稍高的石质孤山和黄土丘陵的梁峁坡上,沙棘、虎榛子等灌丛仍常见
	虎榛子、绣线菊灌丛	流域中游和下游丘陵沟壑区	在沟谷和梁峁的阴坡常见虎榛子、狼牙刺、三桠绣线菊、绒毛绣线菊、沙棘、黄刺玫、胡枝子等灌丛
	油松、白皮松针叶林,桦、杨、栎阔叶林及灌丛草地	流域中游和上游山区	油松林茂盛,辽东栎、山杨、白桦分布面积大,林间灌丛、草地面积较大。在中阳附近有白皮松、侧柏混交林,中阳一带的桦、杨林长势很盛。灌丛植物主要是沙棘、金露梅、柠条、蔷薇等
	残存有荆条、酸枣灌丛的黄白草草地	流域下游	阳坡多为黄白草群丛,杂有茵陈蒿、闭穗等,在阴坡常见铁杆蒿。阴坡灌木常见荆条、酸枣、狼牙刺等,阴坡有时可见沙棘、虎榛子等

总之,三川河流域的植被覆盖率较小,大量的地面裸露使土壤失去了有效保护及对水的调节作用,水土流失严重。

2.2.6　水文气象条件

三川河地处吕梁山的西南部,远离海洋,且有吕梁山、太行山屏障,大陆性气候特征明显。全流域年平均气温北部在 5 ℃以下,南部为 9 ℃,最高绝对气温 35 ℃,最低绝对气温 −30 ℃。全年无霜期北部为 90 ~ 150 d,南部较北部持续时间长,为 160 ~ 180 d。本区光热资源较为充足,由典型气象站点的统计结果(见表 2-5)可见,太阳年辐射总量为 132 ~ 140 kcal/cm² (1 kcal ≈ 4.2 kJ),年日照时数为 2 476 ~ 2 726 h。

表 2-5　三川河流域各站气象要素值

行政区	年太阳辐射总量 (kcal/cm²)	年日照时数 (h)	无霜期 (d)	气温(℃)			≥10 ℃的积温 (℃)
				年均	1月平均	7月平均	
离石	131.7	2 592	156	8.9	−7.9	23	3 118
柳林	139.8	2 476	178	10.5	−6.1	24.3	3 817
方山	137.2	2 706	151	7.3	−9.5	21.2	2 862
中阳	137.5	2 726	142	8.0	−7.7	21.4	2 933

根据实测资料统计,流域多年面降水量 506.3 mm,汛期为 368.4 mm,占全年的 72.8%;非汛期为 137.9 mm,占全年的 27.2%。点雨量表现为从北向南多年平均降水量减少,上游大于下游的趋势。站点降水量的年际变化较小,变差系数 C_V 集中在 0.2 ~ 0.3,主要站点降水量的特征值参见表 2-6。

结合当地的气象条件可见,三川河流域蒸发能力较强,加之强烈的大陆季风,使得多年平均蒸发量为 1 100 mm,远大于降水量。

表 2-6　三川河典型雨量站降水量统计特征

站名	经度 (°)	纬度 (°)	多年平均降水量			变差系数 (C_V)	最大年降水量 (mm)	最小年降水量 (mm)	极值比
			全年 (mm)	汛期 (mm)	占年 (%)				
圪洞	111.23	37.88	549.59	402.29	73.2	0.22	775.6	302.6	2.56
吴城	111.46	37.43	472.23	340.25	72.1	0.32	870.8	216.9	4.01
陈家湾	111.2	37.25	535.38	383.64	71.7	0.26	799.2	363.7	2.20
后大成	110.93	37.41	476.24	346.26	72.7	0.22	686.1	302.4	2.27

2.2.7　水土流失状况

三川河流域水沙年内分配集中,汛期(7 ~ 10 月)水量占全年水量的 60% 左右,汛期沙量则占到95%左右。沙量往往又多集中在几次暴雨洪水中,造成大量的水土流失,每年输入黄河的泥沙2 908万t,流域平均每平方千米输沙量6 989 t,若按水土流失面积平均,则高达10 510 t/km^2,而局部地区每平方千米的侵蚀量可高达2万t以上。

三川河流域与其他山区一样,一方面,随着人口的增长,当地群众为了生存和发展,持续进行着砍伐林木、开垦种植,以及开矿修路,加速水土流失的活动;另一方面,长期以来,当地政府和群众以提高农牧业单产、改善生态环境为目标开展了大规模的水土保持综合治理。资料反映,该流域较系统的水土保持工作开始于20世纪50年代。1982年8月召开的全国第四次水土保持工作会议,把三川河流域定为全国8个水土流失治理重点区之一。

三川河流域水土流失主要有以下两个特点:

(1)水土流失面积广、强度大

全流域共有水土流失面积2 800.2 km^2,占总面积的67.3%。根据调查统计资料的还原计算,得出全流域平均侵蚀模数达5 024 t/(km^2·a),其中,轻度侵蚀区面积为422.26 km^2,占水土流失面积的15.08%;中度侵蚀区面积为341.99 km^2,占水土流失面积的12.21%;强度侵蚀区面积为450.66 km^2,占水土流失面积的16.10%;极强度侵蚀区面积为1 562.84 km^2,占水土流失面积的55.81%;剧烈侵蚀区面积为22.45 km^2,占水土流失面积的0.80%。

(2)产沙时空分布集中

根据水文资料分析,三川河流域汛期输沙量占年输沙量的98%,而7、8两个月的输沙量占汛期输沙量的90.6%,可见土壤侵蚀主要是汛期的暴雨洪水所致。流域产沙区域主要集中在峁状丘陵区和梁状丘陵区,上述两个区域面积分别占流域面积的24.71%和41.04%,产沙量分别占全流域的51.3%和39.98%,而土石山区面积占流域面积的34.25%,产沙量只占总量的8.27%。

2.2.8 社会经济情况

截至2005年,流域内总人口56.57万人,总户数12.45万户。其中,农业人口45.38万人,农村劳动力15.33万个;城市人口及农村非农业人口11.19万人。人口密度136人/km^2,其中农村人口密度109人/km^2。

2005年流域农村经济总产值9.09亿元,其中粮、油总产值2.93亿元,占经济总产值的32.34%;非粮食产值6.16亿元,占经济总产值的67.66%,农、林、牧、副各业占农村经济总产值的比例分别为32.34%、5.08%、5.74%、51.88%,可见农副业是农村经济的主要支柱(见表2-7)。

表2-7 三川河流域农村经济结构现状

项目	农业				林业	牧业	副业	经果	其他	合计
	粮食	油经	其他	小计						
产值(亿元)	1.70	0.52	0.71	2.93	0.46	0.52	4.70	0.30	0.15	9.06
比重(%)	18.76	5.74	7.84	32.34	5.08	5.74	51.88	3.31	1.65	100

2.3 皇甫川流域概况

2.3.1 流域简况

皇甫川流域位于黄河中游河口镇至龙门区间右岸的最北端,是黄河中游上段、晋陕峡谷北部的一级支流,位于北纬 39°12′ ~ 39°54′、东经 110°18′ ~ 111°12′,地跨陕西、内蒙古 2 省(区),海拔 833 ~ 1 482 m。皇甫川发源于内蒙古自治区达拉特旗南部敖包梁和准格尔旗西北部点畔沟一带,流经准格尔旗的纳林、沙镇至陕西省府谷县巴兔坪汇入黄河。干流全长 137 km,流域面积 3 246 km²,其中,准格尔旗 2 798 km²,达拉特旗 33 km²,府谷县 415 km²。整个流域呈扇形。全流域人口约 105 815 人,人口密度 25 ~ 30 人/km²。其中,水土流失面积 3 215 km²,占流域总面积的 99.0%。流域多年平均径流量 1.5 亿 m³,多年平均输沙量 0.5 亿 t,是黄河中游粗泥沙的主要产区之一。

2.3.2 水系

皇甫川流域水系主要由干流纳林川和支流十里长川组成。纳林川全长 80 km,流域面积 2 154 km²,占皇甫川流域总面积的 66%。川内有一级支沟 49 条,其中大于 50 km² 的支沟 10 条,川道干流平均比降 4.2‰,中下游部分河谷宽 1 ~ 3 km,河床宽 250 ~ 400 m,两岸有一二级平缓阶地 10 万余亩。东部十里长川全长 60 km,流域面积 644 km²。两岸有大小支沟 77 条,其中大于 20 km² 的支沟有 8 条。川道干流平均比降 5‰,中游海子塔乡一段长约 25 km,河谷较开阔,宽约 1 km,河床宽 200 ~ 300 m,两岸有一二级川台地 5 万余亩。

皇甫川流域最早设立的雨量观测站仅有皇甫一站(1953 年设立),以后陆续增加,直到 20 世纪 70 年代以后才有较为完善的降雨观测站网,目前整个流域范围内已有 15 个雨量站。流域内水文站有 4 个,其把口水文站为皇甫站(1953 年建站),几经变动,目前把口水文站为皇甫水文(三)站(1977 年 1 月 1 日开始观测)。另外 3 站为干流上段纳林川上的沙圪堵水文站(1959 年建站)、支流十里长川中段的长滩水文站(1978 年建站)、十里长川上游的贺家圪崂水文站(1985 年建站)。流域内各雨量站及水文站分布情况见图 2-3。

2.3.3 地质、地貌

皇甫川流域处于鄂尔多斯高原的东南部,又是西北黄土高原的东北边缘,因而表现在地质地貌上过渡特征十分明显。地质构造属鄂尔多斯地台凹陷的边缘部分。地层主要由中生代陆相碎屑沉积岩类的泥质砂岩、砂岩和砂砾岩层组成,即砒砂岩。第三纪红土残留分布,第四纪黄土为主要土层,主要分布于该流域东部、南部,厚度由西北的几米增厚到东南的几十米。

燕山运动和新构造运动使台凹隆起成拱状高原。皇甫川流域正处在东南斜坡上,中上游地区处于白于山至东胜的第四纪抬升中心,近期抬升幅度约 20 mm/a,从而导致流域

○ 雨量站

▲ 水文站

图 2-3　皇甫川流域水文站及雨量站分布示意图

上中游一带沟谷下切,溯源侵蚀特别强烈。流域地形起伏很大,海拔由河源的 1 350 m 下降到下游的 850 m,致使水系十分发育。由于现代侵蚀的进一步切割,流域地貌发展成为侵蚀沟十分发育的丘陵沟壑地貌。流域沟间地形似倒扣着的船状,坡面侵蚀比较强烈,沟深一般为 40 ~ 50 m,有的超过 100 m,沟坡多由基岩组成。流水除具有冲蚀作用外,还具有一定的淘蚀作用,从而引起崩塌、沟蚀和重力侵蚀竞相发展。

表 2-8 给出了皇甫川流域地貌特征。从表中可以看出:

(1)平缓土地少,陡坡土地多。坡度小于 5°(易于农业利用)的平缓土地仅占整个流域的 1/4 左右,而且这类土地主要集中在较大流域主河道两岸的一级和二级阶地上。

(2)沟壑密度大,土地十分破碎。这对以农业土地的集约化利用,以及交通、能源和工业等建设十分不利。

(3)支离破碎的地貌形态给以土地利用调整和植被建设为主体的生态建设造成很大困难。

表 2-8　皇甫川流域地貌特征

坡度	分级(°)	< 5	5 ~ 10	10 ~ 15	15 ~ 25	25 ~ 35	> 35
	占总面积(%)	25.8	21.6	13.7	16.8	16.8	5.3
沟网密度	分级(km/km²)	< 2	2 ~ 4	4 ~ 6	6 ~ 8	8 ~ 10	> 10
	占总面积(%)	2.8	7.0	25.5	37.5	22.4	4.8
沟壑切割裂度	分级(°)	< 10	10 ~ 20	20 ~ 30	30 ~ 40	40 ~ 50	> 50
	占总面积(%)	2.2	9.3	18.3	28.9	26.4	14.9

皇甫川流域从大范围划分,地貌属于黄土丘陵沟壑区。流域内基岩和红土、黄土的面积约各占一半,红土和黄土分布于梁峁顶部。基岩多由砂岩和砂砾岩层即砒砂岩所组成,

出露于梁峁以下的沟谷,极易风化、水蚀,侵水即粉,遇雨易坍塌。基岩风化壳和黄土区是皇甫川流域泥沙的主要产区,其中基岩风化壳则是粗泥沙主要来源区,黄土区和深度风化的页岩是细颗粒泥沙的主要来源区。

2.3.4 水土流失类型区

皇甫川流域属于黄土丘陵沟壑区第一副区,按照侵蚀程度和地表物质分布的差异,可将流域大致划分为以下3个水土流失类型区(见图2-4)。

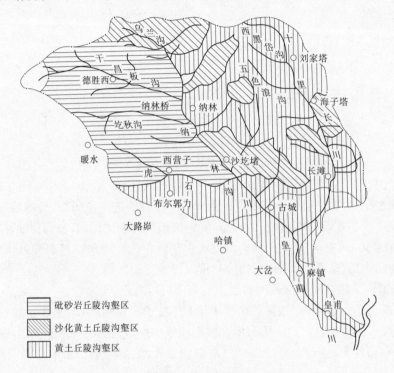

图 2-4 皇甫川流域水土流失类型分区

(1)黄土丘陵沟壑区:主要分布于流域的东部和西南部,例如十里长川以东和中间部位,面积为 1 756 km²,占流域总面积的 54.1%,沟壑密度为 5 ~ 9 km/km²。本区除部分梁峁和缓坡地为耕地外,多为天然草场,植被覆盖度为 20% 左右。本区黄土较厚,为 20 ~ 30 m,是陕晋黄土的边缘,呈现较典型的黄土梁峁和黄土沟谷地貌。该区以水蚀为主,水蚀、风蚀和重力侵蚀交错发生。

(2)砒砂岩丘陵沟壑区:主要分布于流域西北部纳林川两岸的虎石沟、圪秋沟、干昌板沟和尔架麻沟,面积为 948 km²,占流域总面积的 29.2%,沟壑密度平均为 7.42 km/km²。该区水土流失极其严重,地形切割十分破碎,坡陡沟深。本区植被覆盖度很低,基岩大面积外露。侵蚀以水蚀为主,复合重力侵蚀。

(3)沙化黄土丘陵沟壑区:主要分布于纳林川中下游以东到十里长川以西地区和库布其沙漠边缘,面积为 542 km²,占流域总面积的 16.7%,平均沟壑密度为 4.2 km/km²。该区地势较平缓,表层原为黄土,地形较完整,沟道较浅。该区的主要植被有沙蒿、柠条和沙棘等。该区水蚀较轻,风蚀为主要侵蚀方式。

2.3.5 气候特征

皇甫川流域大陆性气候特点突出,年降水量为 350~450 mm,降水量年内差异大,降水主要集中在 6~9 月,其间降水占全年降水量的 80% 以上,是鄂尔多斯高原暴雨中心区。年蒸发量为 1 000~2 000 mm,是降水量的 2~5 倍。全年以冬春季西北风为主,年平均风速 2~3 m/s,大风日数 10~30 d。年平均日照时数为 3 119 h,作物生长的日照时数为 1 790 h。日均温大于或等于 10 ℃ 的农业有效积温 3 350 ℃。

该流域气候特点的优越方面是日照充足,有效积温高,水热同期,有利于植物生长;不利方面是夏季降水多以暴雨出现,加剧了水土流失,春季少雨多风干旱,不利于植物生长,风蚀严重。

2.3.6 土壤、植被

皇甫川流域土壤主要以砒砂岩、黄土和风沙土为母质,在气候、地貌、植被的综合影响下发育而成,砒砂岩裸露区原为栗钙土,遭受严重的水蚀,砒砂岩裸露,经多年风化及生物作用,形成砒砂岩石质土。黑土区为黑垆土,遭受严重水力侵蚀后表土流失,母质性的幼年黄土出现,经多年的水、热、生物作用,形成了现存的侵蚀黄土,在库布其沙漠边缘及流域内的风积沙上,发育成了沙土;河川沟道背阴塌地,由于小气候特殊和地下水位较高,形成了潮湿的草甸土。金争平等依据流域彩红外航片判读土壤类型并结合准格尔旗和府谷县土壤普查成果,归纳了皇甫川流域的土壤类型(见表 2-9)。

表 2-9　皇甫川流域土壤类型

母岩类型	母质层	土类
砒砂岩土类	P、T、J、K、N	栗钙土
黄土类	Q_1、Q_3	红土、黄绵土、黑垆土
风沙土类	Q_4	风沙土
冲积土类	Q_3	草甸土、淤土

植被属于典型的草原植被。主要建群植物有本氏针茅、短花针茅、冷蒿、百里香、达乌里胡枝子等。在胁迫沙地上有小叶锦鸡儿灌丛及油蒿、沙蓬、沙米等沙生植物。但由于历史时期的砍伐、开垦破坏以及受气候变化的影响,流域内的天然疏林灌木草原几乎被破坏殆尽,目前流域内主要为人工植物和严重退化的次生草地植被。

2.3.7 社会经济状况

皇甫川流域范围内涉及内蒙古、陕西 2 省(区)的 3 个县(旗)20 个乡镇。其中,南部为陕西省府谷县的皇甫、麻镇、古城 3 个乡的全部,墙头、清水、大岔、哈镇 4 个乡的部分,面积为 415 km² ,占流域总面积的 13%;中部为内蒙古准格尔旗的长滩、海子塔、沙圪堵、纳林、德胜西、巴润哈岱 6 个乡的全部,西营子、暖水、布尔陶亥、马栅、布尔洞沟 5 个乡的部分,面积为 2 798 km²,占流域总面积的 86%;北部是达拉特旗的敖包梁乡的一部分,面积为 33 km²,占流域总面积的 1%。

流域内共有 134 个行政村,总人口 105 815 人,其中农业人口 87 853 人,总劳动力22 677人。人口密度全流域平均为 32.7 人/km²,其中东南部为 54.6 人/km²,西北部为25.9 人/km²,地处最北部的布尔陶亥乡人口密度为 15.39 人/km²。各个小流域的人口密度从小于 10 人/km² 到大于 90 人/km² 不等。

在流域中西部和北部,人口密度多在 15~22 人/km²,人口较为稀少,又有大面积连片分布的天然草地,适合于开展草地畜牧业;流域东南部,人口密度上升到 30~75 人/km²,高出中西部 1~2.5 倍,具备开展农业生产的劳动力资源,加之地形破碎、土地开垦程度高,草地面积相应减少。

由于皇甫川流域处在鄂尔多斯高原东南部与黄土高原西北部的过渡地带,西北部的鄂尔多斯高原牧业文化传统和东南部的黄土高原农业文化传统在这个区域互相交融、互相渗透,形成了该流域半农半牧的经济结构。在流域西北部,草地利用程度较高,农田耕作粗放,单产水平低,轮闲地比重大;在流域东南部耕垦指数、单产水平、耕作技术都有所提高。作为国家重点煤炭能源基地的东胜—神府煤田及准格尔煤田的开发,使多年来以农业经济为主体的区域经济受到了强大的冲击,一个以地下资源补地上资源开发、工农业经济综合发展的新型区域正在崛起。

2.4 岔巴沟流域概况

2.4.1 流域简况

岔巴沟在陕西省子洲县境内,位于东经 109°47′,北纬 37°31′,自然地理区划属于黄土丘陵沟壑区第一副区。岔巴沟是大理河的一个支流,干沟与支沟相汇夹角约 60°。流域面积 205 km²,岔巴沟出口站曹坪站以上集水面积 187 km²,沟道长度 24.1 km,流域平均宽度 7.22 km,沟壑密度 1.05 km/km²,流域形状基本对称。

岔巴沟流域的沟网由主沟岔巴沟和 11 条一级支沟组成,其中左岸从下游至上游依次分布着麻地沟等 7 条一级支沟,右岸从下游至上游依次分布着马家沟等 4 条一级支沟(见图 2-5)。该流域内暴雨洪水的特点为暴雨历时短、雨强大、洪水含沙量高、输沙量大,全年输沙量主要集中于年内少数几场大洪水中。

2.4.2 地形地貌特征

岔巴沟流域的地貌形态可划分两大类:一是河谷阶地,二是黄土丘陵沟壑区。除此以外,尚有崩塌、滑坡、假喀斯特、黄土柱等特殊的地貌景观。流域上游以梁地沟谷为主,下游以峁地沟谷为主,中游两者皆有。土沟两岸及一级支沟的沟头一般都有较开阔的平地,而二级支沟的沟头切割很深,沿沟两岸近似垂直,其节理发育,崩塌严重。该流域地貌的基本特征是土壤侵蚀严重,沟谷发育剧烈,全流域被大小沟道切割成支离破碎、沟壑纵横的典型黄土地貌景观。

图 2-5　岔巴沟流域概况

2.4.3　水文气象特性

本地区属于干燥少雨的大陆性气候。1959～1969年的实测资料表明,多年平均降水量约480 mm,降水的年内分配极不均匀,70%集中于7～9月,且多降雨强度较大而历时短暂的暴雨,实测最大降雨强度为3.5 mm/min,夏秋之际,常有冰雹下降。年平均气温为8 ℃,最高气温为38 ℃,最低气温为-27 ℃,霜冻期约半年,最大风力超过9级。

根据1954～1958年大理河流域的观测资料,年均径流深为54 mm,最小为29.9 mm,径流的年内分配极不均匀,7～9月的径流占全年总径流量的60%以上。根据子洲水文站蒸发皿的观测资料,1954～1958年的多年平均蒸发量为1 570.4 mm。陆面蒸发量根据子洲水文站多年平均年降水量与年径流深之差求得,为386 mm。

(1)水文气象观测现状:岔巴沟流域水文观测站点系统较为完善,流域内比较均匀地布设有雨量站13处,以控制流域的降雨特征和降雨过程。流域出口有控制性流量站曹坪站,其观测全流域径流和泥沙的形成过程。主要雨量站、水文站空间分布见图2-5。

(2)降雨特性:岔巴沟流域属于干燥少雨的大陆性气候,年降水量450 mm,降雨的年内分配极不均匀,且多为降雨强度较大而历时较短的暴雨,暴雨70%集中于7、8、9三个月,次降雨在流域分布不均匀,并且不同降雨的分布规律也不相同。由于降雨分布的这种不确定性,流域侵蚀产沙过程变得更为复杂。

(3)洪水径流泥沙:由于地形破碎,植被较差,坡度很陡,形成了洪水陡涨陡落、历时短暂的特点;根据水文观测资料,岔巴沟流域年径流深平均为54 mm,最小为29.9 mm,径流的年内分配极不均匀,62%集中于7～9月;由于降雨强度较大,土质疏松,土壤侵蚀极其严重,输沙量在年内分配极不均匀,7～9月的输沙量占流域年总输沙量的比例达到90%以上。

2.4.4 土壤侵蚀特性

岔巴沟流域土壤侵蚀类型多,主要包括面蚀、沟蚀、片蚀、崩塌、滑坡和潜蚀等类型。片蚀主要发生在梁峁上部的耕地和牧地上,发生程度较为严重;在接近水平的川阶地上发生程度轻微的面蚀现象。沟蚀是该流域主要的侵蚀类型。崩塌在岔巴沟流域较为普遍,由于黄土节理发育,沟谷下切很深,两岸形成陡壁,一遇到暴雨受水浸湿,就会发生大量浸塌现象。滑坡是岔巴沟流域另一种较为普遍的重力侵蚀类型,由于新黄土质地疏松,其在暴雨过程中受湿下陷,大量滑落于沟谷之中。潜蚀多发生在沟谷坡上部或沟坡边缘,雨水顺着黄土节理下渗,形成很深的陷穴,陷穴下部有暗道与沟谷相连,土壤侵蚀极其严重。1954～1958 年的观测资料表明,平均侵蚀模数为 1.578 万 $t/(km^2 \cdot a)$,最大侵蚀模数为 2.367 万 $t/(km^2 \cdot a)$。

2.4.5 水土保持措施概况

截至 1980 年,岔巴沟流域有梯田 10 km^2,造林 10 km^2,种草 6 km^2,坝地 2 km^2,水地 2.7 km^2,合计治理面积 30.7 km^2,占总流域面积的 15%。1970 年以后由于水坠坝技术的推广,流域内水库、淤地坝总数和总库容激增,特别是 1975 年后,大量的坝库建成并发挥效益,平均库容超过 12 万 m^3/km^2。作为治沟措施的坝库工程,截至 1977 年底,流域内共修建坝库 444 座,总库容达 2 651 万 m^3,其中坝高超过 20 m 的控制性骨干工程 39 座,只占总数的 8.8%,而库容却占总库容的 54.8%。这些坝库均匀地分布在流域内,成为减水减沙的重要因素。

2.5 小 结

本章详细分析了三川河流域、皇甫川流域及岔巴沟流域的水文气象和地形地貌特征以及存在的主要问题。分析结果表明:研究区域地形地貌复杂、侵蚀类型多样、植被覆盖率低、水资源贫乏,水土流失严重,是制约经济发展的重要因素。随着流域水利水保工程的不断修建,下垫面的产流产沙条件发生改变,必然对研究区域的水沙产生一定影响。

第3章 流域水沙特性分析

近 10 年来,黄河水沙条件发生了很大的变化,这是气候因素和人类活动共同作用的必然结果。本书的研究区域三川河流域、皇甫川流域及岔巴沟流域,是位于河龙区间的高产沙的重点流域,近年来随着上游来水来沙出现的新特点以及煤田开发规模的扩大,下游河道发生了非常大的变化。因此,分析研究区域的水沙特性,采取相应的水土保持与流域治理措施,对黄河水资源可持续开发利用及生态环境保护都具有十分重要的意义。

3.1 三川河流域水沙特性分析

3.1.1 流域水沙来源分析

三川河流域自 1970 年开始较大规模的水土保持治理,通过对治理前的 1957~1969 年资料分析可知,三川河流域的径流、泥沙来源是不同的(见表 3-1)。

表 3-1 三川河流域 1969 年以前的径流泥沙来源分析

区域	控制面积		统计系列	年降水量(mm)	年径流量			年输沙量		
	面积(km²)	占后大成(%)			径流量(万 m³)	占后大成(%)	年径流模数(m³/km²)	输沙量(万 t)	占后大成(%)	年输沙模数(t/km²)
圪洞以上	749	18.3	1957~1969	537.5	9 068	28.1	121 068	230.5	6.3	3 077
陈家湾以上	286	7.0	1957~1969	618.3	2 007	6.2	70 175	8.85	0.2	309
后大成	4 102	100	1957~1969	527.4	32 305	100	78 754	3 687	100	8 988

由表 3-1 中可以看出,其支流陈家湾以上来水量占后大成以上来水量的 6.2%,来沙量仅占后大成以上来沙量的 0.2%;干流圪洞以上来水量占后大成以上来水量的 28.1%,来沙量仅占后大成以上来沙量的 6.3%;两站之和来水量占后大成以上来水量的 34.3%,约为 1/3,而来沙量却仅占 6.5%,比例很小。由流域土壤侵蚀类型分区知,圪洞及陈家湾以上均为土石山区,植被较好,土壤侵蚀轻微,两站以下来水量占后大成以上的 65.7%,而来沙量则占后大成以上的 93.5%,水沙异源,可见流域的水沙主要来源于三川河中下游的黄土丘陵沟壑区。

3.1.2 降雨特性

本次研究采用的降水资料为 1957~2006 年 50 年的系列资料,共包括 20 个雨量站和 4 个气象站点。24 个水文气象站点在全流域的分布情况详见图 2-1。

由表 3-2 可见,全流域多年平均降水量为 475.4 mm;年有效降水量(年内大于 10 mm 的日降水量之和)均值为 301.1 mm,占年值的 63.3%;汛期降水量均值为 396.2 mm,占年值的 83.3%;最大 1 日降水量为 53.3 mm。自 1997 年以来,最大 1 日降水量仅为 47.8 mm,明显小于以往其他时段的。

表 3-2　三川河流域降雨特征值统计

时段	降水(mm)					
	年降水量均值	有效降水量		汛期降水量		最大 1 日降水量
		均值	占年值(%)	均值	占年值(%)	
1957~1969	527.4	313.0	59.3	425.1	80.6	58.4
1970~1979	417.7	278.4	66.7	385.8	92.4	55.5
1980~1989	480.3	293.2	61.0	401.7	83.6	51.8
1990~1996	497.7	334.4	67.2	396.9	79.7	50.6
1997~2006	444.9	293.1	65.9	363.1	81.6	47.8
1957~2006	475.4	301.1	63.3	396.2	83.3	53.3

3.1.2.1　降水量的年际变化

随着年际的变化,气候和环境因素发生改变。在大气环流和其他环境因素的影响下,降水量表现出不同时段、不同年代间的差异。由于距平值能够说明年际间的变化趋势,降水量变差系数 C_v 值的大小能够反映降水量年际变化特性,通常 C_v 值越大,表明该地区降水量的年际变化越大;反之,C_v 值越小,则表明地区降水量的年际变化越小。以下用距平和变差系数分析降水量的年际变化。三川河流域降水量年际变化见表 3-3。

表 3-3　三川河流域降水量年际变化

时段		多年平均值(mm)	距平(%)	变差系数 C_v	时段极值			
					最大值出现的年份	最大值(mm)	最小值出现的年份	最小值(mm)
1957~1969	汛期	425.1	7.29	0.31	1964	538.6	1965	149.1
	非汛期	102.3	29.21	0.29				
	全年	527.4	10.94	0.25	1964	740.5	1965	284.6
1970~1979	汛期	385.8	-0.03	0.24	1973	518.5	1972	249.3
	非汛期	31.9	-0.60	0.18				
	全年	417.7	-0.12	0.21	1978	638.7	1972	344.6
1980~1989	汛期	401.7	0.01	0.25	1988	559.4	1986	262.8
	非汛期	78.6	-0.01	0.32				
	全年	480.3	0.01	0.18	1988	655.5	1986	373.8

时段		多年平均值（mm）	距平（%）	变差系数 C_V	时段极值			
					最大值出现的年份	最大值（mm）	最小值出现的年份	最小值（mm）
1997~2006	汛期	363.1	-0.08	0.18	2003	478.7	1997	246.0
	非汛期	81.8	0.03	0.34				
	全年	444.9	-0.06	0.18	2003	613.7	1997	332.8
1957~2006	汛期	396.2		0.24	1988	559.4	1965	149.1
	非汛期	79.2		0.28				
	全年	475.4		0.20	1964	740.48	1965	284.63

根据 50 年降水量资料统计结果，全流域多年平均降水量为 475.4 mm，变差系数为 0.20，最大值为 740.48 mm，出现于 1964 年；最小值为 284.63 mm，出现于 1965 年。从年代变化上来看，20 世纪 90 年代之前降水量较多年平均值偏大，且 70 年代之前偏大较多，而 90 年代则略有偏少。由变差系数 C_V 可知，降水量的年际变化在年代间的差异较小，基本维持在 0.2~0.3。归纳可知：

(1)汛期降水量的年际变化特征：三川河流域汛期多年平均降水量为 396.2 mm；变差系数较全年有所增加，为 0.24。年代间的变化表现为：70 年代之前偏大约 7.3%，70 年代汛期降水量略有减少，80 年代与多年平均值基本持平，1997 年至今比多年平均值偏少约 0.08%。由不同年代降水的变差系数可见，70 年代之前降水量的变差系数最大，而 70、80 年代的变化基本一致。比较不同年代全年和汛期降水量的变差系数 C_V 可见，汛期降水量的年际变化均大于全年。

(2)非汛期降水量的年际变化特征：全流域非汛期多年平均降水量为 79.2 mm，变差系数为 0.28。年代间的变化表现为：在 70 年代之前降水量较多年平均值偏大较多，达 29.17%，而 70 年代偏少，距平值表现为 -0.6%，80 年代至今非汛期降水量与多年平均值基本持平，但是 50 年非汛期降水量总体上呈下降趋势。由不同年代非汛期降水量的变差系数可见，非汛期降水量呈现出 70 年代之前变化较大，70 年代变化较小，80 年代至今变化最大的总变化趋势。

比较全年、汛期和非汛期降水量的年际变化可见，非汛期降水量有所减少；汛期年际变化大则是造成全年降水量年际变化较大的主要因素。

3.1.2.2 降水量的年内分配变化特征

三川河地处黄河流域，受西风副热带大气环流系统的影响，流域内降水量的年内变化极不均匀。由表 3-4 可见，全流域 50 年时段内年降水量的 70%~80% 集中于汛期（5~9 月），且 7 月和 8 月的降水量最大；冬季降水量较少，最小月降水量出现在 1 月和 12 月，不足多年平均降水量的 1%。

由图 3-1 可见，1997~2006 年非汛期降水量年内分配与多年平均值基本一致，汛期 7、8 月降水量占比较多年平均值略有减少，9 月占比略有增加，其余月份基本持平。

表 3-4 三川河流域降水量年内分配

时段	各月降水量占全年的比例(%)												汛期占比(%)	时段年均(mm)
	1 月	2 月	3 月	4 月	5 月	6 月	7 月	8 月	9 月	10 月	11 月	12 月		
1957~1969	0.8	1.1	3.0	5.6	9.0	8.5	27.3	19.8	15.3	6.7	2.8	0.5	79.9	527.4
1970~1979	0.7	1.8	2.2	4.4	4.6	11.5	24.4	27.7	12.8	6.4	2.3	1.2	81.0	417.7
1980~1989	0.7	1.3	2.9	4.2	8.3	18.4	23.9	19.4	13.1	6.1	2.2	0.6	83.1	480.3
1997~2006	1.2	1.5	2.6	4.2	7.8	13.0	24.1	19.9	16.9	5.6	2.3	1.0	81.7	444.9
1957~2006	0.9	1.4	2.7	4.6	7.4	12.8	24.9	21.7	14.5	6.2	2.4	0.8	81.3	467.6

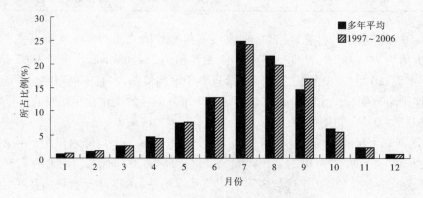

图 3-1 三川河流域降水量年内分配图

3.1.3 径流特性

根据三川河流域把口水文站后大成站 1957~2006 年 50 年的系列资料(见表 3-5)分析可知,三川河流域 1957~2006 年多年平均年径流量为 21 914 万 m³,多年平均汛期径流量为 13 031 万 m³,占年值的 59.5%,多年平均 7~8 月径流量为 7 951 万 m³,占年值的 36.3%。本次研究水文分析的主要任务,就是要计算流域多年综合整理的削洪效益,通过计算削洪量以反映流域综合治理的实质,更进一步说明流域减水的最终目的和本质。产洪量是指割去基流后的那部分径流量,其中基流统一采用直线切割法,即在逐日平均流量成果表上,根据洪水起讫流量,取平均值,乘以洪水历时,即得基流量。经计算,三川河流域多年平均洪水径流量为 6 193 万 m³,占年径流量的 28.3%。由图 3-2 可以看出,全年和汛期径流量都在波动中呈下降趋势,经历了由丰到枯的变化过程,而且波动幅度也逐渐减小,特别是近期径流量锐减。非汛期在 20 世纪 60 年代初期之前,径流量缓慢上升,之后波动幅度较小,到 90 年代之后呈现出缓慢减少的趋势。综观 50 年的径流系列发现,全年径流量逐年变化趋势与汛期径流量变化趋势基本相同,而非汛期径流量变化则较为平缓,由此说明,汛期径流量的变化集中影响着全年径流量的变化。

表 3-5　三川河流域后大成站径流特征值统计

| 时段 | 径流 | | | | | | | 单位有效降雨产洪量（万 m³/mm） | 洪量模数（m³/km²） |
| | 年径流量均值（万 m³） | 汛期径流量 | | 洪水径流量 | | 7~8 月径流量 | | | |
		均值（万 m³）	占年值（%）	均值（万 m³）	占年值（%）	均值（万 m³）	占年值（%）		
1957~1969	32 305	20 237	62.6	11 521	35.7	13 040	40.4	36.8	28 086
1970~1979	24 750	14 132	57.1	6 781	27.4	8 668	35.0	24.4	16 531
1980~1989	19 076	11 648	61.1	4 552	23.9	6 171	32.3	15.5	11 097
1990~1996	19 070	12 018	63.0	4 366	22.9	7 181	37.7	13.1	10 644
1997~2006	10 339	5 397	52.2	1 599	15.5	2 938	28.4	5.5	3 898
1957~2006	21 914	13 031	59.5	6 193	28.3	7 951	36.3	20.5	15 098

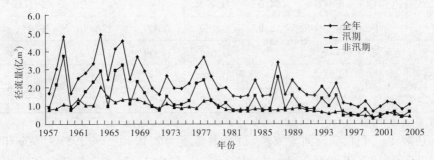

图 3-2　三川河流域径流过程图

3.1.3.1　径流量的年际变化

在后大成站 50 年径流量系列中，最大为 1964 年的 4.927 亿 m³，最小为 2001 年的 0.693 亿 m³，前者是后者的 7.1 倍，由此可以反映其径流年际变化大的基本特性（见表 3-6）。

表 3-6　后大成站不同时期径流量变化

| 时段 | | 多年平均值（万 m³） | 距平（%） | 变差系数 C_V | 时段极值 | | | |
					最大值出现的年份	最大值（万 m³）	最小值出现的年份	最小值（万 m³）
1957~1969	汛期	20 237	55.30	0.475	1959	37 319	1960	7 548
	非汛期	12 068	35.86	0.260				
	全年	32 305	47.42	0.331	1964	49 269	1957	16 846
1970~1979	汛期	14 132	8.45	0.358	1978	24 103	1972	7 666
	非汛期	10 618	19.53	0.152				
	全年	24 750	12.94	0.243	1978	36 804	1972	16 355

时段		多年平均值（万 m^3）	距平（%）	变差系数 C_V	时段极值			
					最大值出现的年份	最大值（万 m^3）	最小值出现的年份	最小值（万 m^3）
1980～1989	汛期	11 648	−10.62	0.504	1988	25 948	1983	6 903
	非汛期	7 428	−16.38	0.099				
	全年	19 076	−12.95	0.294	1988	33 804	1983	14 937
1990～1996	汛期	12 018	−7.78	0.256	1996	15 804	1992	8 431
	非汛期	7 052	−20.61	0.150				
	全年	19 070	−12.98	0.171	1990	24 227	1995	15 414
1997～2006	汛期	5 397	−58.58	0.257	2000	7 847	2001	2 796
	非汛期	4 942	−44.37	0.192				
	全年	10 339	−52.82	0.169	2000	12 600	2001	6 927
1957～2006	汛期	13 031		0.616	1959	37 319	2001	2 796
	非汛期	8 883		0.356				
	全年	21 914		0.467	1964	49 269	2001	6 927

（1）由表 3-6 可见，三川河流域多年平均径流量为 2.191 亿 m^3，1957～1969 年径流量为 3.231 亿 m^3，比多年平均值偏大 47.42%；70 年代为 2.475 亿 m^3，较多年平均值偏大 12.94%；到 80 年代，径流量减少到 1.908 亿 m^3，比多年平均径流量少 12.95%；1990～1996 年径流量为 1.907 亿 m^3，与 80 年代基本持平；1997～2006 年最近 10 年间，径流量锐减到 1.034 亿 m^3，较多年平均值少 52.82%。这说明 50 年来三川河流域年径流量的年际变化呈现出一种持续下降的趋势。由不同年代径流的变差系数可见，70 年代以前，径流量的年际变化最大；而 70、80 年代的变化基本一致；90 年代至今，变差系数最小，径流量的年际变化最小。

（2）汛期径流量多年平均值为 1.303 亿 m^3，1957～1969 年汛期径流量较多，为 2.024 亿 m^3，比多年平均值多 55.30%；70 年代汛期径流量大幅度减少，距平值减少至 8.45%；到 80 年代，汛期径流量继续明显减少，距平值变为 −10.62%；1990～1996 年汛期径流量较 80 年代略有增加，但不十分明显，仍较多年平均值少 7.78%；1997～2006 年最近 10 年间，汛期径流量锐减到 0.540 亿 m^3，比多年平均径流量少 58.58%。由不同年代汛期径流量的变差系数可见，汛期径流量呈现出 80 年代年际变化最大，90 年代至今年际变化较小的趋势。

3.1.3.2　径流量的年内分配

三川河流域径流量年内分配见表 3-7。

表 3-7　三川河流域径流量年内分配

时段	各月径流量占全年的比例(%)												汛期占比(%)	时段年均(亿 m³)
	1 月	2 月	3 月	4 月	5 月	6 月	7 月	8 月	9 月	10 月	11 月	12 月		
1957～1959	3.1	3.2	4.6	3.4	3.3	4.1	21.3	34.9	7.8	5.4	4.9	4.1	71.3	3.2
1960～1969	3.7	3.8	5.8	5.2	6.1	4.6	20.1	14.9	14.7	9.8	6.7	4.6	60.4	3.3
1970～1979	4.6	4.7	6.7	5.4	4.8	5.6	13.3	21.7	12.6	8.3	6.9	5.4	58.0	2.5
1980～1989	5.1	5.1	6.9	5.4	5.9	8.5	15.0	16.6	11.3	11.1	9.4	7.5	57.2	2.7
1990～1996	4.5	4.3	5.7	4.9	5.4	7.2	13.0	23.6	11.8	7.7	6.6	5.5	61.0	1.9
1997～2006	5.4	5.7	6.4	5.9	6.9	7.2	15.7	12.7	10.0	10.6	7.6	6.8	52.5	1.0
1957～2006	4.4	4.4	6.1	5.2	5.5	6.1	16.8	19.5	11.6	8.6	6.7	5.2	60.0	2.2

径流量的变化主要受降雨变化和人类活动的共同影响。人类活动对河川径流的影响不仅反映在径流量的锐减上,亦反映在年内分配的变化上。点绘三川河后大成站 1969 年以前的径流量与人类活动影响较大的 1997 年后径流量年内分配变化过程线(见图 3-3),可以看出,人类活动影响后的走势较 1969 年以前的状态平缓,枯水期水量增多,汛期水量减少。在 1969 年以前最大径流量都发生在 7～9 月,其水量占全年径流量的 56.81%;由近 10 年平均径流量年内分配可以看出,后大成站最大径流量发生在 7～10 月,其水量占全年水量的 48.96%。总之,进入下游的河川径流量由于受人类活动等各方面的影响,已改变了天然条件下的年内分配过程,汛期径流量大幅度减少。

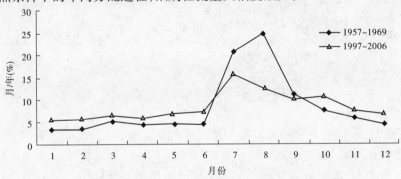

图 3-3　后大成站不同时段实测径流量年内分配变化

3.1.4　泥沙特性

由三川河流域把口水文站后大成站 1957～2006 年 50 年的系列资料(见表 3-8)分析表明,三川河流域 1957～2006 年多年平均年输沙量为 1 720 万 t,其中多年平均汛期输沙量为 1 712 万 t,占年值的 99.5%;多年平均洪水输沙量为 1 712 万 t,占年值的 99.5%,由此可见三川河流域绝大部分泥沙产生在汛期(5～9 月),并由洪水输送;单位有效降雨产沙量 80 年代之前均高于多年平均值,此后均较多年平均值偏小,且呈逐年下降趋势;多年平均含沙量为 62.5 kg/m³,来沙系数为 8.5。

表 3-8　输沙特征值统计

| 时段 | 输沙 | | | | | 年输沙模数（t/km²） | 单位有效降雨产沙量（万 t/mm） | 含沙量（kg/m³） | 来沙系数（kg·s/m⁶） |
| | 年输沙量均值（万 t） | 汛期输沙量 | | 洪水输沙量 | | | | | |
		均值（万 t）	占年值（%）	均值（万 t）	占年值（%）				
1957～1969	3 687	3 670	99.5	3 670	99.5	8 946.9	11.7	107.9	10.4
1970～1979	1 831	1 828	99.8	1 822	99.5	4 456.4	6.5	72.2	9.6
1980～1989	964	963	99.9	960	99.6	2 347.6	3.3	45.0	7.3
1990～1996	1 079	1 079	100.0	1 074	99.6	2 630.4	3.2	53.2	8.5
1997～2006	258	257	99.6	257	99.6	626.8	0.9	22.5	6.2
1957～2006	1 720	1 712	99.5	1 712	99.5	4 174.2	5.7	62.5	8.5

图 3-4 为后大成站 1957～2006 年输沙量变化过程。可以看出,输沙量变化与径流量变化是同步的,年输沙量在波动中呈下降趋势,经历了由丰沙期到枯沙期的变化过程,而且波动幅度也逐渐减小,特别是近期输沙量锐减。1957～1969 年输沙量达到 3 687 万 t,70 年代锐减到 1 831 万 t,80 年代和 90 年代上半期基本持平,分别为 964 万 t 和 1 079 万 t,最近 10 年的输沙量又有了大幅度减少,为 258 万 t。

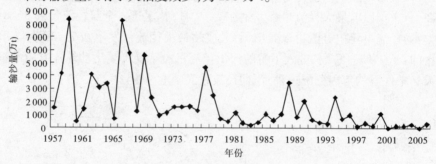

图 3-4　三川河流域输沙量变化过程

3.1.4.1　含沙量特性

由表 3-9 可见,流域的含沙量基本呈逐年减少的趋势,以后大成站为例,1997～2006 年的平均含沙量不足 1957～1969 年平均含沙量的 20%。据后大成站观测资料统计,多年平均含沙量为 62.5 kg/m³,年最大含沙量为 1966 年的 200 kg/m³。

表 3-9　后大成站不同年代含沙量变化

| 时段 | 年平均含沙量（kg/m³） | 时段含沙量极值 | |
		最大值（kg/m³）	发生年份
1957～1969	107.9	200.0	1966
1970～1979	72.2	149.0	1977
1980～1989	45.0	102.0	1988
1990～1996	53.2	115.5	1994
1997～2006	22.5	85.7	2000
1957～2006	62.5	200.0	1966

3.1.4.2 输沙量特性

(1)输沙量的年际变化

在后大成站 50 年输沙量系列中,最大为 1959 年的 8 350 万 t,最小为 2001 年的 8 万 t,前者是后者的 1 000 多倍,由此可见该流域输沙量年际变化极大(见表 3-10)。

表 3-10 后大成站不同时期输沙量变化

时段		多年平均值（万 t）	距平（%）	变差系数 C_V	时段极值			
					最大值出现的年份	最大值（万 t）	最小值出现的年份	最小值（万 t）
1957~1969	汛期	3 670	114	0.70	1959	8 332	1960	458
	全年	3 687	114	0.70	1959	8 350	1960	461
1970~1979	汛期	1 828	7	0.59	1977	4 637	1979	662
	全年	1 831	6	0.59	1977	4 650	1979	665
1980~1989	汛期	963	-44	0.92	1988	3 437	1983	203
	全年	964	-44	0.92	1988	3 450	1983	204
1990~1996	汛期	1 079	-37	0.70	1994	2 380	1993	327
	全年	1 079	-37	0.70	1994	2 380	1993	327
1997~2006	汛期	257	-85	1.23	2000	1 080	2001	8
	全年	258	-85	1.15	2000	1 080	2001	8
1957~2006	汛期	1 712		1.14	1959	8 332	2001	8
	全年	1 720		1.14	1959	8 350	2001	8

由表 3-10 可见,三川河流域年均输沙量为 1 720 万 t,1957~1969 年输沙量为 3 687 万 t,是多年平均输沙量的 2.14 倍;70 年代锐减为 1 831 万 t,与多年平均值基本持平;80 年代,输沙量继续大幅度减少,距平值为 -44%;1990~1996 年输沙量为 1 079 万 t,与 80 年代基本持平;近期(1997~2006 年),输沙量减少到 258 万 t,比多年平均输沙量减少 85%。由不同年代径流的变差系数可见,80 年代以前,输沙量的年际变化较小;80 年代,变差系数略有增加,达到 0.92;90 年代上半期变化幅度较 80 年代略有减小,变差系数为 0.70;90 年代下半期至今,变差系数最大,输沙量的年际变化最大。汛期输沙量变化与全年变化基本一致。

(2)输沙量的年内分配

三川河流域输沙量的年内分配极不均匀,全年输沙量几乎全部集中在汛期(5~9 月),其他月份几乎为 0,后大成站的多年平均输沙量为 1 720 万 t,其中汛期输沙量 1 712 万 t,占全年的 99.5%。7、8 两个月的输沙量最大,占全年输沙量的 88.7%。输沙量年内分配见表 3-11。

表 3-11　三川河流域输沙量年内分配

时段	各月输沙量占全年的比例(%)												汛期占比(%)
	1月	2月	3月	4月	5月	6月	7月	8月	9月	10月	11月	12月	
1957~1959	0	0	0	0	0.4	2.9	38.9	56.5	1.2	0	0	0	99.9
1960~1969	0	0	0	0.1	2.4	3.0	62.3	25.1	6.7	0.3	0	0	99.5
1970~1979	0	0	0	0	0.5	14.0	38.6	41.1	5.6	0	0	0	99.8
1980~1989	0	0	0	0	1.7	9.2	42.3	41.7	5.0	0	0	0	99.9
1990~1996	0	0	0	0	0	6.5	34.9	51.9	6.7	0	0	0	100.0
1997~2006	0	0	0	0	7.6	13.8	54.0	23.8	0.8	0	0	0	99.6
1957~2006	0	0	0	0	1.4	4.6	48.0	40.7	4.9	0.2	0	0	99.5

　　三川河流域 1970 年后兴起的大规模的水土保持工程,使得该流域输沙过程已不同于 1969 年以前的天然状态。点绘三川河后大成站的天然输沙量与人类活动影响后的输沙量年内分配变化过程线(见图 3-5),可以看出,天然状态下最大输沙量都发生在 7、8 两个月,其输沙量占全年输沙量的 91.38%;从近 10 年平均输沙量年内分配可以看出,后大成站最大输沙量集中发生在 6、7、8 三个月,且 7 月输沙量尤为突出,占全年输沙量的 48%, 5、6 月输沙量较天然状态有所增加,8 月输沙量较天然状态有较大幅度减少。

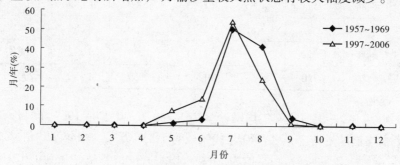

图 3-5　后大成站不同时段实测输沙量年内分配变化过程线

3.1.5　降水—径流—输沙关系

　　表 3-12 给出了不同年代汛期、非汛期及全年降水量、径流量的对比情况。根据统计结果比较不同年代汛期、非汛期以及全年降水量和径流量的关系可见,不同年代、不同时期降水和径流量的变化规律不完全相同。

　　在汛期,不同年代的平均降水量与多年平均值相比,20 世纪 70 年代之前和 80 年代偏多,70 年代和 1997~2006 年偏少;径流则是 80 年代之前偏多,80 年代至今偏少,尤其是 1997~2006 年,减少幅度较大。降水量与径流量的变化不一致。

　　对于非汛期的降水与径流的关系,降水量在 70 年代之前和 90 年代前期较多年平均值偏多,70 年代偏少,80 年代基本持平,而对应的径流量则表现为 80 年代之前较多年平均值偏多,其他各年代均偏少的变化。

表 3-12   三川河不同年代降水量、径流量对比

	时段	1957~1969	1970~1979	1980~1989	1990~1996	1997~2006	1957~2006
汛期	降水量(mm)	425.1	385.8	401.7	396.9	363.14	396.22
	径流量(万 m³)	20 237	14 132	11 648	12 018	5 397	13 031
	输沙量(万 t)	3 670	1 828	963	1 079	257	1 712
非汛期	降水量(mm)	102.3	31.9	78.6	100.8	81.81	79.17
	径流量(万 m³)	12 068	10 618	7 428	7 052	4 942	8 883
	输沙量(万 t)	17	3	1	0	1	8
全年	降水量(mm)	527.4	417.7	480.3	497.7	444.95	475.39
	径流量(万 m³)	32 305	24 750	19 076	19 070	10 339	21 914
	输沙量(万 t)	3 687	1 831	964	1 079	258	1 720

图 3-6 ~图 3-8 为三川河流域长系列的降水—径流—输沙关系。

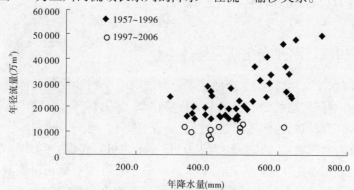

图 3-6   年降水—径流关系

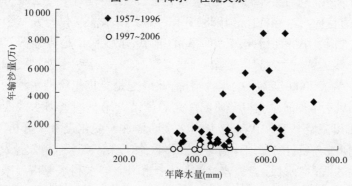

图 3-7   年降水—输沙关系

　　由年降水—径流、降水—输沙关系(见图 3-6、图 3-7)可以明显看出,三川河流域近期
(1997~2006 年)的降水变化与径流、输沙变化不相一致。在近期降水量与 1996 年以前
相差不多的情况下,径流量和输沙量却有大幅度减少,径流—输沙关系(见图 3-8)依然保

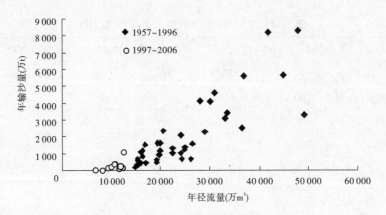

图 3-8　年径流—输沙关系

持良好的相关性。这一现象的出现,除与近期降雨强度的减小有关外,还与流域水土保持治理、人类取用耗排等有着密切关系。

3.2　皇甫川流域水沙特性分析

3.2.1　皇甫川流域水沙变化研究综述

　　皇甫川流域水沙变化特性、水土保持综合治理的减水减沙效益及治理方略等方面的研究历来被关心黄河问题的学者专家关注。早在 20 世纪 60 年代,我国著名河流泥沙专家钱宁就对皇甫川流域的粗泥沙问题进行了研究,指出黄河下游的淤积主要由粗泥沙来源区的洪水造成,淤积物主要由粒径大于 0.05 mm 的粗颗粒泥沙组成。70 年代后期开始,对皇甫川流域水沙变化的研究相继增多。1978 年张胜利对皇甫川流域水沙变化特性进行了研究,并完成了皇甫川水沙特性及对黄河天桥水电站影响的初步分析报告。1980 年,张胜利等从高含沙水流的流变特征、输沙特征、冲淤特征等三个方面分析了皇甫川高含沙水流的水力特性与输沙特性。1988 年水利部黄河水沙变化研究基金会开始对黄河中游水沙变化进行了第一期研究,其中"皇甫川流域水沙变化趋势分析"项目中,对该流域降雨特性、水沙关系、水沙特性、冲淤变化、产流与产沙、水利水保措施减水减沙量等进行了研究,并预估了 2000 年流域的水沙情况,此研究是皇甫川流域水沙变化分析初期较全面的研究。1989 年黄河水利科学研究院焦恩泽结合第一期黄河水沙变化研究皇甫川项目,又对皇甫川流域 1971～1976 年基本水文断面冲淤变化进行了分析。同时,黄河流域水土保持科研基金项目对黄河中游多沙粗沙区水土保持减水减沙效益及水沙变化趋势进行了研究,首次根据"水保法"、"水文法"对皇甫川流域水利水保措施减水减沙效益及水沙变化趋势进行了全面的研究。1988 年国家自然科学基金项目——黄河和流域环境演变与水沙运行规律,也对皇甫川流域水利水保措施现状减水减沙效益及发展趋势进行了分析和预估。进入 20 世纪 90 年代,黄河中游水沙变化研究方兴未艾,皇甫川流域水沙变化及水土保持水沙相应研究更为活跃。1993 年,由张胜利、李倬、赵文林共同主持了国家"八五"重点科技攻关项目"黄河中游多沙粗沙区治理研究"第一专题"多沙粗沙区水沙变化原因分析及发展趋势预测"研究。1991 年,黄委黄河上中游管理局开展的黄河上中游管理局"八五"重点课题"黄河中游河口至龙门区间水土保持措施减洪减沙效益研究"将皇甫川流域作为重点研究支流,对其流域内水土保持措施面积进行详查,在"水文法"计算中,将洪水、常水分开计算研究,再合并说明径流变化情况,在"水保法"研究中,首次采用"以洪算沙"法。1995 年水利部开展了第二期黄河水沙变化研究工作,1996 年 10 月水利部第二期水沙基金项目启动,内蒙古鄂尔多斯市水土保持办公室韩学士等承担"皇甫川流域水沙变化现状和发展趋势的研究",对皇甫川流域水沙变化特点进行分析研究。1999 年黄河流域(片)防洪规划中设立了"黄河中游水土保持减水减沙作用分析",王云璋、兰华林、彭乃志等负责,从规划基准年和规划水平年两个角度对皇甫川等流域水土保持减水减沙作用进行了分析和评估。2000 年彭乃志、姚文艺、张胜利等对皇甫川流域治理前后洪水动量变化及其冲淤特征进行分析,结果表明在治理后不可利用的径流量天数越来越多,洪水的含量降低,流速增大,动量增大,洪水单位动量冲刷厚度减小,而单位动量淤积厚度增大。

气候变化不仅引起降水量的变化,而且会改变降水强度,从而对水土流失、水资源综合利用等带来较大影响。研究表明,黄河流域最近几十年,尤其是 20 世纪 90 年代以来,气候发生了很大变化,气温明显增高,降水呈减少趋势,河川径流量锐减,给黄河流域生态环境和社会经济发展带来重大影响。最近几十年气候变化对皇甫川流域有何影响? 降水量和降水强度的变化对土壤侵蚀有何影响? 这些问题的研究对皇甫川流域生态环境建设评估以及流域自然和社会经济发展都具有重要的意义。

3.2.2 降雨特征

根据观测资料计算,皇甫川流域多年(1970 ~ 2005 年)平均降水量约为 350 mm,降水自东南向西北逐渐减少(见图 3-9)。在皇甫川流域的西北部和东南部分别形成多年降水的低值中心和高值中心。根据 1974 ~ 2005 年资料统计,最大年降水量为 509 mm,最小年降水量为 185 mm,最大年降水量为最小年降水量的 2.8 倍。

3.2.2.1 降水的季节变化特征

皇甫川流域受大陆性季风气候影响,降水季节性变化较为显著。冬季(12 月至翌年 2 月)降水稀少、气候干燥,大部分区域降水量在 10 mm 左右。春季(3 ~ 5 月)降水略有增加,一般可达 50 ~ 60 mm。皇甫川流域降水主要集中在夏季,夏季(6 ~ 8 月)降水量在 200 mm 以上,占全年总降水量的 70% 左右,且多暴雨。皇甫川流域秋季(9 ~ 11 月)降水较少,一般在 20 ~ 25 mm。皇甫川流域 8 月降水最多,一般在 90 mm 以上。图 3-10 为皇甫川流域多年(1961 ~ 2006 年)平均降水量逐月分配图。

皇甫川流域冬夏两季降水空间分布略有差异。冬季降水集中在流域中部,南部和北部降水较少,很多年份降水量为 0。夏季降水自西北向东南逐渐增多(见图 3-11)。

3.2.2.2 流域近期降水特征

采用皇甫川流域 13 个雨量站近期(1997 ~ 2006 年)历年逐日降水量资料,分析了近期流域降水的变化特点。图 3-12、表 3-13 给出了皇甫川流域近期降水量特征,可以看出:

(1)降水量年际变化大。2000 年流域平均年降水量仅为 202.4 mm,而 2003 年最大,

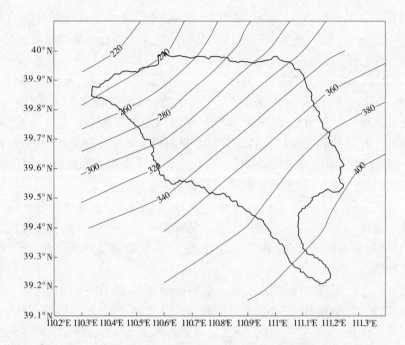

图 3-9 皇甫川流域多年平均降水量分布图

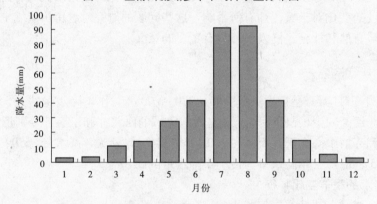

图 3-10 皇甫川流域多年平均降水量逐月分配图

达到 474.8 mm,为最小年份的 2.3 倍;流域近期多年平均降水量为 326.0 mm。

(2)降水量年内差异明显。夏季降水量占年总降水量的 60%,春秋季次之,冬季降水量占年总降水量的比例最小,仅为 3.7%。汛期(6~9 月)降水量占年总降水量的71.9%。

(3)从皇甫川流域降水量的年代际变化特征(见表 3-14)来看,20 世纪 50 年代,年均降水量较大,为 469.8 mm,21 世纪以来,多年平均降水量仅有 336.1 mm。各年代汛期降水量占年总降水量的比例有逐渐减小的趋势,这同汛期暴雨强度及频率减小有一定的关系。

(4)同前期(1954~1996 年)降水量相比(见表 3-15),1997~2006 年全年、汛期降水量均有所偏少,汛期降水量偏少更为明显,较前期偏少幅度分别为 15.3% 和 22.8%,而非汛期降水量同前期相比有所增加,增加幅度为 12.5%。

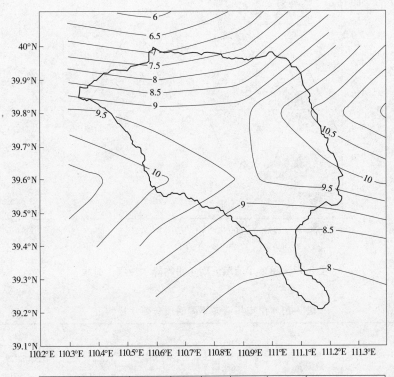

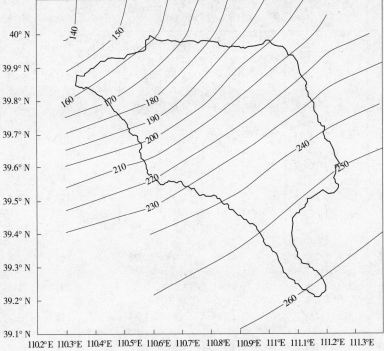

图 3-11　皇甫川流域冬、夏两季降水空间分布图

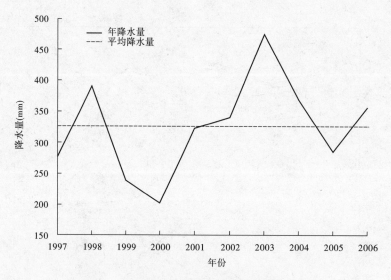

图 3-12　皇甫川流域近期年平均降水量变化曲线

表 3-13　皇甫川流域不同时段年降水量特征

| 年份 | 春季 | | 夏季 | | 秋季 | | 冬季 | | 汛期(6~9月) | | 年降水量 |
	降水量 （mm）	占年降水量比例（%）	降水量 （mm）	占年降水量比例（%）	降水量 （mm）	占年降水量比例（%）	降水量 （mm）	占年降水量比例（%）	降水量 （mm）	占年降水量比例（%）	（mm）
1997	49.2	17.7	188.0	67.8	31.41	11.3	8.70	3.1	205.0	73.9	277.31
1998	109.0	27.9	215.2	55.1	55.39	14.2	11.15	2.9	261.0	66.8	390.74
1999	76.1	31.8	97.9	40.9	62.36	26.0	3.11	1.3	151.7	63.4	239.47
2000	19.1	9.4	142.5	70.4	29.20	14.4	11.60	5.7	155.2	76.7	202.4
2001	25.3	7.8	189.7	58.7	96.48	29.9	11.54	3.6	241.4	74.7	323.02
2002	69.2	20.3	212.8	62.3	42.01	12.3	17.30	5.1	252.8	74.1	341.31
2003	100.7	21.2	247.2	52.1	117.94	24.8	8.96	1.9	327.2	68.9	474.8
2004	51.3	13.9	256.3	69.6	42.09	11.4	18.79	5.1	286.1	77.6	368.48
2005	62.6	22.0	168.5	59.1	37.68	13.2	16.31	5.7	203.7	71.5	285.1
2006	67.1	18.8	238.9	66.8	37.83	10.6	13.65	3.8	258.9	72.4	357.5
平均	63.0	19.3	195.7	60.0	55.2	16.9	12.1	3.7	234.3	71.9	326.0

表 3-14 皇甫川流域降水量年代际变化特征

时段	非汛期		汛期(6~9月)		年降水量 (mm)
	降水量 (mm)	占年降水量比重 (%)	降水量 (mm)	占年降水量比重 (%)	
1954~1959	101	21.5	368.8	78.5	469.8
1960~1969	72.4	19.6	296.5	80.4	368.9
1970~1979	68.7	18.5	303.3	81.5	372.0
1980~1989	74.4	21.7	268.6	78.3	343.0
1990~1999	103.3	27.1	277.4	72.9	380.7
2000~2006	89.6	26.7	246.5	73.3	336.1

表 3-15 皇甫川流域近期降水量同前期比较变化统计表

项目	近期(1997~2006年) 降水量(mm)	前期(1954~1996年) 降水量(mm)	变化率 (%)
年	326.0	385.0	-15.3
汛期	234.3	303.5	-22.8
非汛期	91.7	81.5	12.5

3.2.2.3 流域降水空间分布特点

(1)变化倾向率

利用水文气象要素的时间序列,以时间为自变量,以要素为因变量,建立一元回归方程。设 y 为某一水文气象要素变量,t 为时间(年或月),建立 y 与 t 之间的一元线性回归方程,其趋势变化率为:

$$y'(t) = b_0 + b_1 t \tag{3-1}$$

把 b_1 称为变化倾向率,单位为℃/a 或 mm/a。趋势方程中 b_1 的计算式为:

$$b_1 = \frac{\mathrm{d}y'(t)}{\mathrm{d}t} \tag{3-2}$$

$$b_1 = \frac{\sum_{i=1}^{n}(y_i - \bar{y})(t_i - \bar{t})}{\sum_{i=1}^{n}(t_i - \bar{t})^2} \tag{3-3}$$

b_1 反映上升或下降的变化趋势,$b_1 < 0$ 表示在计算时段内呈下降趋势,$b_1 > 0$ 表示呈上升趋势,b_1 绝对值的大小可以度量其演变趋势上升、下降的程度。

(2)降水空间分布特点

利用皇甫川流域主要雨量站降水资料,计算分析其降水变化的趋势系数的空间分布(见图 3-13)。从图中可以看出,皇甫川流域降水空间分布特征比较明显,降水趋势自西北向东南呈明显递增趋势。流域西北部降水表现为明显减少,相反,西南部则表现为明显增多,这说明流域内部降水变化特征差异较大。

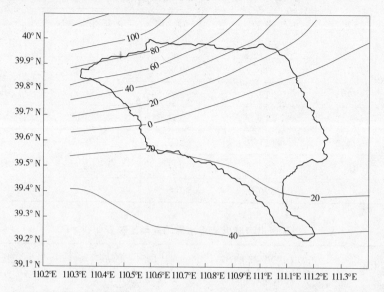

图 3-13　皇甫川流域降水线性倾向率空间分布图

3.2.2.4　降水变化的周期性特点

　　时间序列的周期分析一般都是利用快速傅里叶变换将时间信号在谱空间展开,将时间序列的总能量分解为不同频率的分量,根据不同频率分量的方差贡献来确定时间序列的主要周期,即时间序列隐含的显著周期。

　　小波变换(Wavelet Transform)分析是一种时间窗和频率窗都可改变的时频局域化分析方法,即在低频部分具有较高的频率分辨率和较低的时间分辨率,而在高频部分具有较高的时间分辨率和较低的频率分辨率,故它对信号具有自适应性。小波分析除可以实现多分辨分析外,在地球物理资料的处理中还可以提取具有物理意义的最缓慢的变化部分,即实现信号的趋势性分析。小波分析在气象和水文多时间尺度变化研究中得到广泛的应用。

　　应用小波分析方法对沙圪堵站和皇甫川站降水变化周期进行分析,结果如图 3-14、图 3-15 所示。

　　从图 3-14 中可以看出:

　　(1)不同年份的降水所对应的时间层次结构是不同的。有的只有 4～8 年两个时间层次,有的则有 2 年、6 年、12 年等多个时间层次。较为普遍的是含有 2 年和 6 年的周期。

　　(2)20 世纪 60 年代降水周期以 6 年左右的周期为主,且信号较强;20 世纪 70 年代的降水以 10 年左右的弱周期为主;20 世纪 90 年代以 2～4 年的弱周期为主,其他时间阶段的周期并不显著。

　　皇甫川站降水变化周期结果表明:

　　(1)不同年份的降水所对应的时间层次结构是不同的。有的只有 6 年左右的时间层次,有的则有 2 年、4 年、10 年等多个时间层次。较为普遍的是含有 6 年和 10 年的时间层

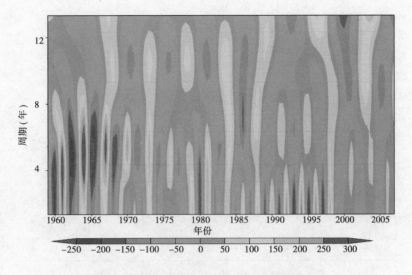

图 3-14　沙圪堵站降水变化的小波分析结果

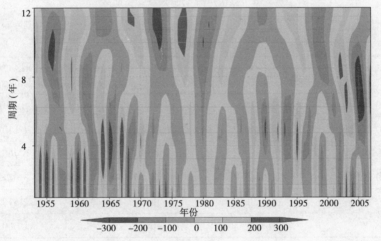

图 3-15　皇甫川站降水变化的小波分析结果

次(周期)。

（2）从不同的时间层次上看,同一历史时期的降水量大小是有明显差别的。20 世纪 70～80 年代降水变化 6 年周期并不显著,70 年代降水对应的是 18～20 年的时间层次;而 80 年代降水的周期性则很不显著;自 90 年代以来,降水存在 4～8 年的弱周期。

总体来看,皇甫川流域降水以 4～6 年、10 年左右的周期为主。

3.2.3　径流量特征

图 3-16 给出了皇甫川水文站 1954～2006 年实测径流量变化情况。从图中可以看出,径流量总体上呈现减小的趋势。

径流量的年际变化较大(见表 3-16),除 20 世纪 70 年代外,年代平均径流量呈现明显的逐渐减小的趋势,从各代的径流量极值可以看出这种减小的变化特点。20 世纪 50 年代,最大径流量达到 50 800 万 m³,到 21 世纪初,最大径流量减小到 10 220 万 m³,小于

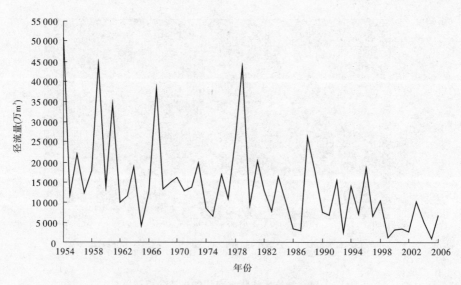

图 3-16　皇甫川流域径流量变化曲线

20 世纪 50 年代的最小径流量(11 710 万 m³)。

表 3-16　径流量极值年代变化特征

时段	平均径流量 （万 m³）	最大径流量（万 m³）/ 出现年份	最小径流量（万 m³）/ 出现年份
20 世纪 50 年代	26 525	50 800/1954	11 710/1955
20 世纪 60 年代	17 240	38 410/1967	4 110/1965
20 世纪 70 年代	17 580	43 700/1979	6 460/1975
20 世纪 80 年代	12 715	26 400/1988	3 020/1987
20 世纪 90 年代	9 030	18 560/1996	2 510/1993
2000 ~ 2006	4 680	10 220/2003	1 060/2005

　　从汛期、非汛期径流量比重变化(见表 3-17)来看,汛期径流量占年总径流量的比重随年代的变化而有所增加,20 世纪 70 年代以前,汛期径流量占年总径流量的比重为76.6% ,到 21 世纪初,汛期径流量占年总径流量的90% 以上。

表 3-17　皇甫川流域径流量不同时期变化特征

时段	非汛期		汛期		年径流量 （万 m³）
	径流量 （万 m³）	占年径流量比重 （%）	径流量 （万 m³）	占年径流量比重 （%）	
1954 ~ 1969	4 920	23.4	16 110	76.6	21 030
1970 ~ 1979	2 570	14.6	15 010	85.4	17 580
1980 ~ 1989	1 830	14.4	10 880	85.6	12 710
1990 ~ 1999	895	9.9	8 135	90.1	9 030
2000 ~ 2006	50	1.1	4 630	98.9	4 680

近期径流量无论是年、汛期还是非汛期均比前期明显减小,非汛期径流量变化率最大,达到90.3%。年径流量及汛期径流量同前期相比变化率超过60%(见表3-18)。

表3-18　皇甫川流域近期径流量同前期比较变化统计表

时段	近期(1997~2006年)(万 m³)	前期(1954~1996年)(万 m³)	变化率(%)
年	5 130	16 420	-68.8
汛期	4 830	13 340	-63.8
非汛期	300	3 080	-90.3

3.2.4　输沙量特征

图3-17给出了皇甫川流域历年输沙量变化曲线,对照图3-16可以看出,径流量同输沙量变化趋势较为一致,均呈现出年际波动大,而且随着时间的变化泥沙量逐渐减少的趋势。

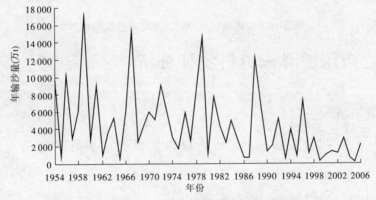

图3-17　皇甫川流域历年输沙量变化曲线

对历年的输沙量进行统计分析(见表3-19)可以看出,年平均输沙量除20世纪70年代略有增加外,其他年份呈逐年减少的趋势。从最大输沙量来看,从20世纪50年代(1959年)的17 100万 t逐年减少,减少到2003年的2 901万 t。最小输沙量以20世纪70年代为界,50~60年代呈减少的趋势,80年代以后,各年代最小输沙量也呈现减少的趋势,同最大输沙量变化周期相似,大约10年为一个变化周期。

表3-19　皇甫川流域各年代最大输沙量特征统计表

时段	平均输沙量(万 t)	最大输沙量		最小输沙量	
		输沙量(万 t)	出现年份	输沙量(万 t)	出现年份
20世纪50年代	7 803	17 100	1959	750	1955
20世纪60年代	5 041	15 400	1967	522	1965
20世纪70年代	6 245	14 700	1979	1 700	1975
20世纪80年代	4 284	12 200	1988	577	1986
20世纪90年代	2 550	7 320	1996	515	1993
2000~2006	1 332	2 901	2003	138	2005

皇甫川流域的泥沙主要来自沙圪堵以上区间,图 3-18 是沙圪堵站 1960~2000 年汛期径流深与输沙量的关系。可以看出,汛期径流深与输沙量之间呈明显正相关,相关系数为 0.94。

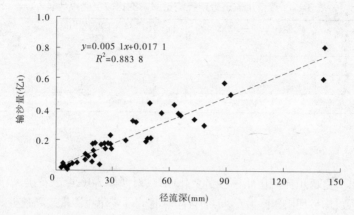

图 3-18 沙圪堵站汛期径流深与输沙量关系

3.3 岔巴沟流域降雨资料统计分析

3.3.1 雨量站情况

岔巴沟小流域一共设立 13 个雨量站,各站的相对位置详见图 3-19。

图 3-19 岔巴沟流域雨量站分布图

本次设计用的资料是黄河岔巴沟流域 13 个站点的资料。站点情况如表 3-20 所示。

表 3-20 岔巴沟流域各雨量站情况

站名	站址（经纬度）		站点情况
	东经	北纬	
和民嫣站	109°48′	37°46′	雨量站
刘家圪站	109°51′	37°46′	雨量站
朱家阳湾站	109°51′	37°44′	雨量站
李家嫣站	109°51′	37°47′	雨量站
马虎嫣站	109°55′	37°45′	雨量站
杜家山站	109°57′	37°44′	雨量站
万家嫣站	109°53′	37°41′	雨量站
王家嫣站	109°53′	37°42′	雨量站
姬家签站	109°58′	37°43′	雨量站
牛薛沟站	109°56′	37°40′	雨量站
小姬站	109°59′	34°43′	雨量站
桃园山站	110°00′	37°42′	雨量站
曹坪站	109°59′	37°49′	水文站

3.3.2 降雨资料系列化处理方法

在实际工作中,降雨是在点上观测的。点雨量资料可形成面平均雨量的估算,所以在应用降雨资料时要把点雨量转化为面雨量来计算,以提高计算的精度。

降雨资料的不准确直接导致了降雨资料的多样性。为了能够有效地利用降雨资料,应首先对其中缺测或误测的降雨资料进行插补,得到较为完整的雨量资料,以便用于之后的面平均雨量的计算。

在缺测或误测资料插补以及无资料地区估算点雨量时,需要用附近参证站观测降雨量确定短缺资料站或无资料地区降雨量,可用公式表示为:

$$r_x = \sum_{i=1}^{n} a_i r_i$$

式中　a_i——参证站 i 的加权因子或贡献因子,表示参证站与缺测站之间多种因素的综

合影响,$a_i > 0$ 且 $\sum_{i=1}^{n} a_i = 1$;

　　　r_i——i 站观测降雨量;

　　　n——参证站个数;

　　　r_x——x 站待估计降雨。

不同点降雨估计方法处理权重因子 $a_i (i = 1, 2, \cdots)$ 的技巧各不相同,比如有算术平均

法、正常值比率法、雨量相关法、等雨量线法等。

3.3.2.1　算术平均法

National Weather Service(Chow,1964)提出算术平均法。该法取缺测站周边众多参证站观测雨量的算术平均值。参证站应多于或等于 4 个。站数越多,估计越准确,但随着站数的增加,精度提高的速度会减慢。

3.3.2.2　正常值比率法

正常值比率法通常用于插补资料的短期中断,用靠近缺测站的 3 个站的观测值去估计降雨量。以实测降雨值的比值为权重,对参证站降雨量进行加权平均。x 站的降雨量 r_x 为:

$$r_x = \frac{1}{3}\left(\frac{\bar{r}_x}{\bar{r}_A}r_A + \frac{\bar{r}_x}{\bar{r}_B}r_B + \frac{\bar{r}_x}{\bar{r}_C}r_C\right)$$

式中　A、B、C——参证站;

　　　$\bar{r}_x$、$\bar{r}_A$、$\bar{r}_B$、$\bar{r}_C$——某次降雨资料完整时的实测降雨;

　　　r_A、r_B、r_C——x 站缺测资料时的参证站 A、B、C 的实测雨量。

3.3.2.3　雨量相关法

此法是建立两站间的线性关系,其中一站有完整的降雨资料,而另一站有短缺资料,公式为:

$$r_x = a + br_y$$

式中　r——一次降雨的总雨量,下标 x 表示有缺测或短测的雨量站;y 表示无缺测的雨量站;

　　　a、b——待估参数,它们可以通过观测降雨用最小二乘法估计。

因此,对给定暴雨 x 站的雨量可通过 y 站同场暴雨来确定。对有短测站 x 的雨量资料的插补,应从周围雨量站中选择出最密切相关的站 y,通过雨量相关法来确定。

岔巴沟流域只有一个控制性水文站即曹坪站,曹坪站位于子洲县双湖峪公社曹坪村,距河口距离 1.3 km,集水面积 187 km^2,流域长度 24.1 km,流域平均宽度 7.76 km,沟道平均比降 7.57‰。对陕北绥德地区岔巴沟流域的共 13 个雨量站的雨量资料和径流泥沙资料进行监测,对其资料进行时间插值。

(1)等时段流量序列的生成

把洪水要素摘录的流量过程,采用直线内插,插补成等时间间隔(0.5 h)的时间序列。

(2)等时段雨量序列的生成

把洪水要素摘录中所示的降雨过程,插补成等时间间隔(0.5 h)的降雨时间序列,并且该时间序列和流量时间序列对应。插值思想是:首先将时段雨量过程(见图 3-20)转换成降雨量累积过程(见图 3-21)。某要插值时刻 T 的累积雨量用前后两个时刻对应的累积雨量线性插值,最后减去 $T-1$ 时刻对应的累积雨量,即得到 T 时刻对应的时段雨量。实测资料时期外的数据赋 0。

原始数据(流量和雨量)均摘录在 Excel 中,通过 VB 和 Excel 联合运用,可以方便地对数据进行读写及插值运算。

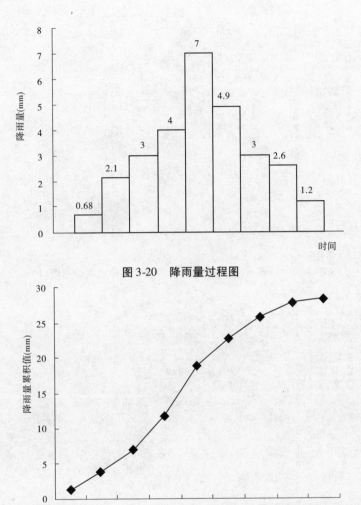

图 3-20　降雨量过程图

图 3-21　降雨量累积过程线

3.3.3　降雨的时空特性分析

　　岔巴沟流域属于干旱少雨的大陆性气候,降雨年际、年内分配极不均匀。该流域降雨多以暴雨形式出现,全年降雨量主要集中于几场暴雨之中,每逢暴雨干支流均会出现较大的洪水和高含沙水流。该流域内暴雨洪水的特点为:暴雨历时短,雨强大,洪水含沙量高,输沙量大,全年输沙量主要集中于年内少数几场大洪水中。应用 ArcView 软件对插值后的降雨空间分布进行绘图分析,得到直观的暴雨分布图。结合流域实测的流量过程线,对该流域暴雨特性进行分析。下面以 800701 场洪水为例来分析岔巴沟流域的降雨时空过程,如图 3-22 ~ 图 3-27 所示。

　　在 800701 场洪水中,7 月 18 日 16:00 全流域出现了两个降雨中心,大的降雨中心位于牛薛沟站附近,小的降雨中心位于万家嫣站附近;16:30 大的降雨中心基本保持不变,但小的降雨中心由万家嫣站附近变为桃园山站附近;而 17:00 大的暴雨中心由牛薛沟站变为桃园山站附近;17:30 ~ 18:00 降雨中心变成 3 个;18:30 降雨逐渐消退。

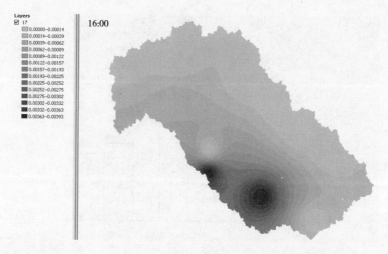

图 3-22　1980 年 7 月 18 日岔巴沟流域降雨空间分布图(1)

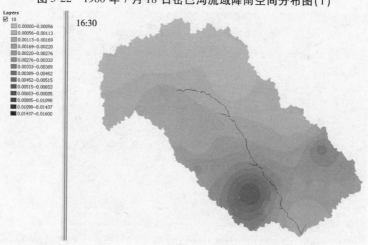

图 3-23　1980 年 7 月 18 日岔巴沟流域降雨空间分布图(2)

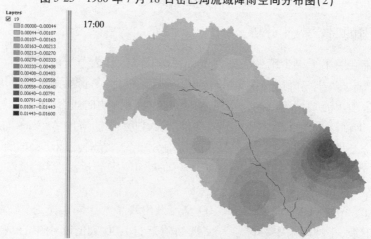

图 3-24　1980 年 7 月 18 日岔巴沟流域降雨空间分布图(3)

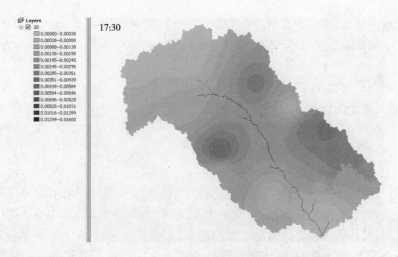

图 3-25 1980 年 7 月 18 日岔巴沟流域降雨空间分布图(4)

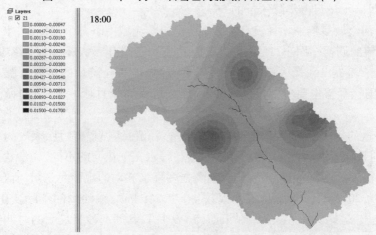

图 3-26 1980 年 7 月 18 日岔巴沟流域降雨空间分布图(5)

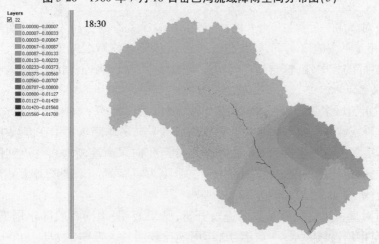

图 3-27 1980 年 7 月 18 日岔巴沟流域降雨空间分布图(6)

根据实测流量,发现最大峰值往往出现在最大降雨之后的一段时间,因为岔巴沟地区降雨发生前土壤含水量比较小,前期降雨被用来满足土壤的缺水量,而且汇流有一定的滞后性。

根据以上分析可知,在一次短暂的降雨过程中,也会出现降雨中心从上游到中游到下游的不断转移,很少固定在一个位置上。

3.4 小 结

(1)由于受特定气候的影响,三川河流域的年降水量季节分配极不均匀,季节变化非常明显。一般来说,冬季干旱少雨,夏季雨水充沛,秋雨多于春雨。多年平均降水量年内分配呈单峰型,且连续最大 5 个月降水量均出现在 5 ~ 9 月,降水量占年降水量的 80% 左右,7 月和 8 月降水更为集中,占年降水量的 40% 以上。12 月至次年 3 月,是降水量最少的时期,4 个月降水量仅占年降水量的 5% 左右。

(2)三川河流域多年平均径流量为 2.191 亿 m^3,流域中下游植被稀少,水分涵养能力差,地表对径流的调蓄作用小,径流量年际变化明显,流域年最大径流量为 4.93 亿 m^3,最小径流量为 0.693 亿 m^3,最大最小比值为 7.1。流域地表径流量的年内分配与降水的年内分配极为相近,径流主要集中于夏秋雨季,连续最大 5 个月(5 ~ 9 月)的径流量约占全年的 60%。

(3)输沙量的年际变化及年内分配与降水量、径流量具有一致性,表现为年内分配不均和年际间的悬殊。然而,由于地质、地貌、植被等水文下垫面的不同,输沙量的不均匀差异较降水量、径流量更为强烈,一般具有随高强度降水波动的规律。三川河流域的多年平均输沙量为 1 720 万 t,多年平均输沙模数 4 174.2 t/km^2,输沙量的年际变化悬殊很大。三川河流域各支流来沙量主要集中在汛期(5 ~ 9 月),其间产沙量最大的时期集中在暴雨洪水期,输沙量在年内分配集中程度较降水、径流更加突出,汛期的输沙量占全年的 99.6%。

(4)通过对降雨—径流、降雨—输沙、径流—输沙关系的分析发现,近期降水量在与 1996 年以前相差不多的情况下,径流量和输沙量却较之前有大幅度减少,径流—泥沙关系依然保持良好的相关性,这与近期降雨强度的减小、流域水土保持治理、人类取用耗排等有着密切关系。

(5)皇甫川流域多年(1954 ~ 2006 年)平均降水量约为 374 mm,降水自东南向西北逐渐减少;皇甫川流域冬夏两季降水空间分布略有差异。冬季降水集中在流域中南部,西北部降水最少,很多年份降水量为 0。夏季降水自西北向东南逐渐增多。近期降雨无论是年还是汛期同前期相比均偏少,汛期降雨量减少更为明显,而非汛期降水量占年降水量的比例较前期有所增加,增加幅度为 12.5%。

(6)通过对皇甫川流域降水周期进行分析,结果表明,不同时段降水周期有所差别,但总的来看皇甫川流域降水 4 ~ 6 年、10 年周期比较明显。近期(1997 ~ 2006 年)径流量无论是年、汛期还是非汛期均比前期(1954 ~ 1996 年)明显减小,其中非汛期径流量变化率最大。径流量与输沙量之间呈明显正相关,相关系数为 0.94。

第4章 流域水沙系列突变点分析

在利用"水文法"计算流域水土保持措施减洪减沙效益时,应首先利用水土保持措施生效前的流域水文资料建立产流产沙模型,然后将治理后的降雨条件代入求得相当于天然状况下的产流产沙量,再与实测水沙资料比较求得流域综合治理减洪减沙效益。在运用这种方法时需要确定一个水土保持措施生效前和生效后的分界点,由于黄河中游大规模的水土保持开始于1970年,因此在以往的黄河水沙变化研究中大多以1970年作为分析的基准年,用1970年前的水沙关系来推求1970年以后的水沙量,并与实测值比较,分析出水利水保工程的蓄水减沙作用。但事实上,黄河中游各支流的水土保持治理开始时间并非完全一致,同时,各支流水利水保工程的建设和发展速度也并非一致,因而用相同的分界年份作为估算各支流的水土保持蓄水减沙效益的基准年显然是不合适的。准确合理地确定水沙系列突变点是关系到模型模拟能力的一项重要指标。为此,很有必要对入黄径流泥沙影响的突变点进行分析,合理地确定出各支流的基准年。

本次研究就三川河、皇甫川流域的水沙系列突变点进行了分析,采用双累积曲线法和Mann-Kendall法两种方法进行对比分析,试图找出分析水沙系列突变点更为有效的方法。本章首先对以往研究利用双累积曲线法划分径流泥沙系列突变点的问题进行了分析,然后,作为探讨,利用独立同分布检验法对典型流域的径流泥沙系列的突变点作了初步分析。

4.1 双累积曲线法确定水沙系列突变点

在以往的研究中,大多利用双累积曲线法划分径流泥沙系列的突变点。双累积曲线法的基本原理就是利用累积降雨量与累积径流量(或与累积输沙量)曲线斜率变化来分析水沙变化趋势,如果斜率发生转折即认为人类活动改变了流域下垫面的产水产沙,从而判断水沙系列突变点。但是,初步分析表明,仅利用双累积曲线法有时是很难准确确定径流泥沙系列突变点的。

例如,图4-1是皇甫川流域年降雨、径流、输沙双累积曲线,可以看出,累积径流量中存在1964年、1988年和1996年3个转折点,累积输沙量中,似乎又存在1961年、1967年、1979年、1988年和1996年等5个转折点。尽管累积径流量和累积输沙量的变化趋势基本是一致的,但累积径流量和累积输沙量不仅存在的转折点数量不等,而且转折点也并非完全相同,这样一来,究竟哪一年能作为流域水沙的突变点不仅要凭人工综合判定,而且不同的人判定的结论也大不一样,因此难以确定出流域水沙系列是从哪一年真正开始发生突变的。

从延河流域年降雨、径流、输沙双累积曲线(见图4-2)来看,累积径流量仅有1970年和1993年微弱的转折点,且突变的变化趋势不明显,累积输沙量似乎有1960年、1971

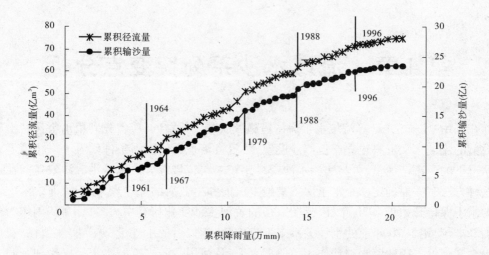

图 4-1 皇甫川流域年降雨、径流、输沙双累积曲线

年、1977 年、1988 年和 1996 年等 5 个转折点,累积输沙量的变化趋势较累积径流量要明显很多。但是,从长系列来看,不论是累积输沙量,还是累积径流量,要判定该流域是从哪一年真正开始发生突变就显得十分困难。综上分析可知,利用双累积曲线法,一个流域的累积径流量和累积输沙量往往会存在多个转折点,究竟选取哪一年作为其真正的水沙突变点就显得相当困难。

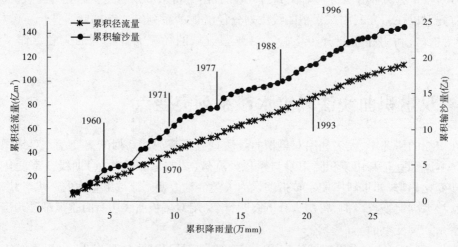

图 4-2 延河流域年降雨、径流、输沙双累积曲线

究其原因,一方面是双累积曲线有一个模型误差,若自变量与因变量为线性关系,由一次双累积值后仍为线性关系,反之仍为非线性关系。并且指数大于 1 时,一次双累积后指数仍大于 1,若指数小于 1,则一次双累积后指数仍小于 1,但都在向 1 靠近。另一方面,双累积曲线得出的突变点具有不确定性,即会出现多个不同的突变点。

为此,对于突变点的分析,本书采用水文统计的方法,对流域实测径流、泥沙观测资料进行独立同分布检验,从水文统计的角度对这一问题作进一步探讨。

4.2 独立同分布检验法确定水沙系列突变点

4.2.1 资料选择

选择河龙区间 4 条典型支流即三川河、窟野河、无定河、延河 2000 年以前连续径流、泥沙观测资料,资料情况见表 4-1。

表 4-1 河龙区间 5 条典型支流径流、泥沙资料情况

站名	项目名称	河流	起止年份	序列长度(年)
后大成	年径流量	三川河	1954~2000	47
	年输沙量	三川河	1954~2000	47
温家川	年径流量	窟野河	1954~2000	47
	年输沙量	窟野河	1954~2000	47
白家川	年径流量	无定河	1956~2000	45
	年输沙量	无定河	1956~2000	45
甘谷驿	年径流量	延河	1952~2000	49
	年输沙量	延河	1952~2000	49

4.2.2 独立性检验

对序列中各项之间的相关性进行检验,即对径流、泥沙序列的自相关性进行检验,以判别其是否具有独立性。河流径流、泥沙可以看作是一阶自回归序列,即序列中的各项只与前一项有关,其一阶自相关系数的计算公式为:

$$r = \frac{\sum_{i=1}^{n-1}(x_i - \bar{x})(x_{i+1} - \bar{x})}{\sum_{i=1}^{n}(x_i - \bar{x})^2} \quad (i = 1,2,\cdots,n) \quad (4\text{-}1)$$

式中 r——自相关系数;

n——资料序列长度;

$\bar{x}$——序列均值;

x_i——第 i 年的年径流量,万 m^3(或年输沙量,万 t)。

在小样本时,所得的相关系数是有偏差的,其偏差可用下式进行修正:

$$r' = \frac{r + \dfrac{1}{n}}{1 - \dfrac{4}{n}} \quad (4\text{-}2)$$

$$U_r = r'\sqrt{n-1} \quad (4\text{-}3)$$

式中　r'——总体相关系数的渐进无偏估计值(修正相关系数),对 r' 进行相关检验,即检验 r' 和 0 的差异是否显著。

由于统计量 U_r 渐进服从标准正态分布,因此对 r' 进行检验。选择显著性水平 $\alpha = 0.05$,则 $U_{\alpha/2} = 1.96$,若 $|U_r| < U_{\alpha/2}$,则 r' 与 0 无显著性差异,序列中的各项相互独立,反之则不独立。计算结果详见表 4-2。

表 4-2　年径流量、输沙量独立性检验计算成果

站名	自相关系数 r		修正相关系数 r'		统计量 $\|U_r\|$		是否通过独立性检验	
	径流量	输沙量	径流量	输沙量	径流量	输沙量	径流量	输沙量
三川河	0.325	0.231	0.378	0.276	2.564	1.975	否	否
窟野河	0.127	−0.057	0.162	−0.039	1.096	0.267	是	是
无定河	0.538	0.281	0.615	0.333	4.080	2.209	否	否
延河	−0.191	−0.078	−0.186	−0.063	1.288	0.436	是	是

由计算结果可见,三川河、无定河的径流、泥沙系列均未通过独立性检验,不是相互独立的;窟野河、延河的径流、泥沙系列均通过了独立性检验,因此是相互独立的。

4.2.3　同分布检验

序列中各项若不属于同一分布,则至少具有两个分布不同的样本序列。将原序列分割为两个样本序列 $x_1, x_2, \cdots, x_\tau$ 及 $x_{\tau+1}, x_{\tau+2}, \cdots, x_n$。假定前一个样本的边际分布为 $F_1(x)$,后一个样本的边际分布为 $F_2(x)$。如果在时间分割点前后边际分布无变化,则 $F_1(x)$ 与 $F_2(x)$ 同分布,反之则不同分布。

4.2.3.1　**样本序列分割**

采用有序聚类分析法对样本序列进行分割。该方法在不打乱原序列次序的前提下,寻求最优的分割点,使同类之间的离差平方和较小,而类与类之间的离差平方和较大。对于序列 $x_t(1, 2, \cdots, n)$,最优分割方法如下:

设可能的时间分割点为 $\tau(1 \leqslant \tau \leqslant n-1)$,则分割前后的离差平方和为:

$$V_\tau = \sum_{i=1}^{\tau} (x_i - \bar{x}_\tau)^2 \tag{4-4}$$

$$V_{n-\tau} = \sum_{i=\tau+1}^{n} (x_i - \bar{x}_{n-\tau})^2 \tag{4-5}$$

其中

$$\bar{x}_\tau = \frac{1}{\tau} \sum_{i=1}^{\tau} x_i \tag{4-6}$$

$$\bar{x}_{n-\tau} = \frac{1}{n-\tau} \sum_{i=\tau+1}^{n} x_i \tag{4-7}$$

总的离差平方和为:

$$S_n(\tau) = V_\tau + V_{n-\tau} \tag{4-8}$$

最小的离差平方和 $S_n(\tau)$ 所对应的 τ 即为最可能的分割点,记为 W_{τ_0}。

4.2.3.2 分割样本的分布检验

采用秩和检验法进行分割样本的分布检验。

将两个样本的数据按大小次序排列并统一编号,规定每个数据在排列中所对应的序数为该数的秩。容量小的样本个数的秩和为 W,构造服从标准正态分布的统计量:

$$U_w = \frac{W - \dfrac{n_1(n+1)}{2}}{\sqrt{\dfrac{n_1 n_2(n+1)}{12}}} \tag{4-9}$$

式中 n_1——小样本容量,$n_1 + n_2 = n$。

选择显著性水平 $\alpha = 0.05$,则 $U_{\alpha/2} = 1.96$,若 $|U_w| < U_{\alpha/2}$,则接受原假设 $F_1(x) = F_2(x)$,即分割点前后两个样本来自统一整体,服从统一分布;反之,则分割点前后两个样本不是统一整体,不服从统一分布。

首先将传统的分界年 1970 年作为分割年份,进行年径流量、输沙量的同分布检验,计算结果见表 4-3。

表 4-3 年径流量、输沙量同分布检验计算结果

项目名称	统计量 $\lvert U_w \rvert$		是否通过同分布检验		是否独立同分布	
	径流量	输沙量	径流量	输沙量	径流量	输沙量
三川河	2.649	3.3	否	否	否	否
窟野河	2.290	0.763	否	是	否	是
无定河	4.585	2.872	否	否	否	否
延河	0.913	1.493	是	是	是	是

由表 4-3 可知,若以 1970 年为界划分序列,三川河、无定河的年径流量和输沙量均符合资料序列划分的要求,而窟野河、延河的年输沙量及延河的年径流量则通过了同分布检验,不符合要求,故应对样本序列重新进行划分。采用样本序列分割的方法计算离差平方和 S_n(见表 4-4),最小的离差平方和 S_n 所对应的点即为最可能分割点。

表 4-4 离差平方和计算表

项目名称	不同年份离差平方和 S_n												
	1970	1971	1972	1973	1974	1975	1976	1977	1978	1979	1980	1981	1982
窟野河年输沙量	31.22	30.46	29.56	29.80	30.05	30.51	31.00	29.29	28.88	28.38	29.36	29.28	31.01
延河年输沙量	5.68	5.60	5.60	5.71	5.71	5.80	5.86	5.93	5.65	5.69	5.69	5.79	5.87
延河年径流量	25.69	25.70	25.82	26.20	26.15	26.44	26.50	26.58	26.19	26.20	26.14	26.37	26.42

根据离差平方和 S_n 的计算结果,可以初步划定分割年代:窟野河年输沙量为 1979 年,延河年输沙量为 1972 年,延河年径流量为 1970 年。由于延河通过年输沙量和年径流量所划分出的分割年代不一致,且若设 1970 年为分割年则通过检验,所以将分割年份初步定为 1972 年。计算出的同分布检验结果如表 4-5 所示。

表 4-5　独立同分布检验结果

项目名称		分割年份	统计量 $|U_w|$	是否通过同分布检验	是否独立同分布
窟野河	年输沙量	1979	2.153	否	否
	年径流量		3.198	否	否
延河	年输沙量	1972	1.932	是	是
	年径流量		0.936	是	是

由表 4-5 可见,按初步划定的年份分割,窟野河未通过同分布检验,可确定其分割年份为 1979 年。延河若以 1972 年划分,则通过了同分布检验,所以 1972 年不是延河的分割年。

综上,可确定三川河、无定河、窟野河的分割年份分别为 1970 年、1970 年、1979 年,延河的径流、泥沙系列突变点无法通过离差平方和 S_n 计算得出,这可能是该流域的治理效果不明显的原因,对此还需进一步分析。

4.3　双累积曲线法和 Mann-Kendall 检验法对比分析

Mann-Kendall 检验法是世界气象组织推荐并被广泛用于实际研究的非参数检验方法,是时间序列趋势分析方法之一。此方法由 Mann 和 Kendall 提出,近年来 Mann-Kendall 检验法被众多学者应用于分析径流、气温、降水和水质等要素时间序列的变化趋势。Mann-Kendall 检验法不需要样本遵从一定的分布,也不受少数异常值的干扰,且不需要作统计分析,适用于水文、气象等非正态分布的数据,计算简便。Mann-Kendall 法的计算步骤如下:

设有一时间序列为 $(x_1, x_2, \cdots, x_n)$,构造一秩序列 m_i,表示 $x_i > x_j (1 \leqslant j \leqslant i)$ 的样本累计数。定义 d_k 为:

$$d_k = \sum_{i}^{k} m_i \qquad (2 \leqslant k \leqslant n) \tag{4-10}$$

d_k 的均值以及方差近似为:

$$E(d_k) = \frac{k(k-1)}{4} \tag{4-11}$$

$$\mathrm{var}(d_k) = \frac{k(k-1)(2k+5)}{72} \qquad (2 \leqslant k \leqslant n) \tag{4-12}$$

在时间序列随机独立的假设下,定义统计量:

$$UF_k = \frac{d_k - E(d_k)}{\sqrt{\mathrm{var}(d_k)}} \qquad (k = 1, 2, \cdots, n) \tag{4-13}$$

给定显著性水平 α，若 $|UF_k| > UF_{\alpha/2}$，则表明序列存在明显的变化趋势。

将时间序列 x_k 逆序排列，再按照式 (4-13) 计算，同时使

$$\begin{cases} UB_k = -UF_k \\ k = n + 1 - k \end{cases} \quad (k = 1, 2, \cdots, n) \qquad (4\text{-}14)$$

通过分析统计序列 UF_k 和 UB_k，可以进一步分析序列 x_k 的变化趋势，而且可以明确突变的时间，指出突变的区域。若 $UF_k > 0$，则表明序列呈上升趋势；若 $UF_k < 0$，则表明序列呈下降趋势；当它们超过临界直线时，表明上升或下降趋势显著；若 UF_k 和 UB_k 这两条曲线出现交点，且交点在临界直线之间，那么交点对应的时刻就是突变开始的时刻。

图 4-3 为利用皇甫川流域年降雨量、径流量及输沙量资料，采用双累积曲线法对皇甫川流域近 53 年水沙系列突变点进行分析的皇甫川流域年降雨、径流、输沙双累积曲线图。从图 4-3 中可以看出，累积径流量中，存在 1964 年、1988 年和 1996 年 3 个转折点，累积输沙量中，似乎又存在 1961 年、1967 年、1979 年、1988 年和 1996 年等 5 个转折点，尽管累积径流量和累积输沙量的变化趋势基本是一致的，但累积径流量和累积输沙量不仅存在的转折点数量不等，而且转折点也并非完全相同。究竟哪一年能作为流域水沙的突变点，不仅要凭人工综合判定，而且不同的人判定的结论也大不一样，从长系列来看，也难以给出皇甫川流域是从哪一年真正开始发生突变的。

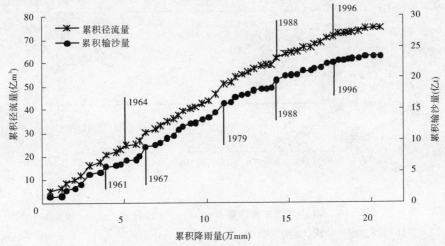

图 4-3　皇甫川流域年降雨、径流、输沙双累积曲线

图 4-4 为皇甫川年径流量 Mann-Kendall 统计量曲线。从图 4-4 中的 UF 曲线不难看出，20 世纪 60 年代皇甫川年径流量有明显的减少趋势，而且自 90 年代以来，这种减少的趋势明显超过 $\alpha = 0.05$ 显著性水平（明显超出图中粗直线的范围）。此外，根据 UF 曲线和 UB 曲线交点的位置，可以确定皇甫川年径流量在 20 世纪 80 年代中后期减少是一突变现象，具体突变时间是从 1986 年开始的。

图 4-5 所示的皇甫川年输沙量系列的变化特点与图 4-4 所示的年径流量系列的变化特点相似，也是自 20 世纪 60 年代开始整体上呈现减少的趋势，但其明显减少程度超过 $\alpha = 0.05$ 显著性水平的时间较年径流量的偏晚，约在 80 年代末；从年输沙量 Mann-Kendall 统计量曲线上可看出，泥沙系列突变点也为 1986 年。

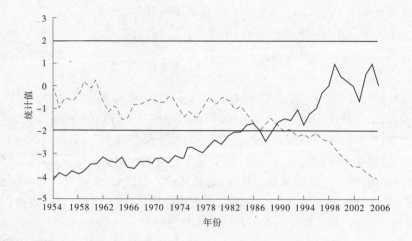

图 4-4 皇甫川年径流量 Mann-Kendall 统计量曲线

（图中虚线为 *UF* 曲线，实线为 *UB* 曲线，粗直线为 $\alpha = 0.05$ 显著性水平临界值）

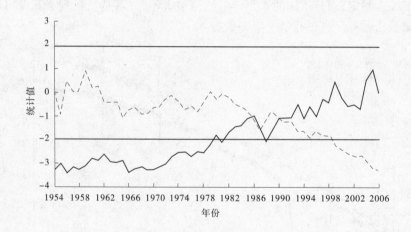

图 4-5 皇甫川年输沙量 Mann-Kendall 统计量曲线

（图中虚线为 *UF* 曲线，实线为 *UB* 曲线，粗直线为 $\alpha = 0.05$ 显著性水平临界值）

从对以上两种方法的计算结果进行分析不难看出：利用双累积曲线法进行水沙系列突变点分析时，存在累积径流量和累积输沙量突变点数量不一致现象，而且其突变时间也不一致；利用 Mann-Kendall 法分析皇甫川水沙系列突变点时，突变点明显而且一致，均为1986 年，这对计算分析水土保持措施减水减沙效益时确定水沙系列突变点、建立基准期减水减沙模型是非常方便的。从其流域的综合治理方面来看，1983 年皇甫川流域开始实施大规模的综合治理，由于水土保持措施（尤其是林草措施）发挥效益具有一定的滞后性，因此确定 1986 年为水沙系列突变点是较为合理的。

但是为了同皇甫川流域以前的研究成果对比，本次研究中水沙系列基准期的模型还采用二期水沙基金的模型，以便研究成果的对比。

4.4 小 结

本章对双累积曲线法划分径流泥沙系列的突变点进行了分析,并以河龙区间4条代表性支流的年径流量、年输沙量系列为研究对象,采用有序聚类分析法对样本序列进行分割,运用水文统计的方法对突变点进行了分析;以皇甫川流域为例,采用双累积曲线法和Mann-Kendall 法对比分析;在人类活动对流域径流泥沙显著影响的分界年划分方面取得以下成果:

(1)初步确定三川河、无定河、窟野河分割年分别为1970年、1970年、1979年。延河的径流泥沙无明显的突变点。

(2)以上述年份为分界年,进行独立同分布检验,从检验结果看,参加检验的4条支流除延河外均未通过检验。可见,三川河、无定河、窟野河3条支流的径流泥沙系列不相互独立,不服从统一分布,由此可确定三川河、无定河、窟野河的分割年分别为1970年、1970年、1979年。

(3)采用双累积曲线法和Mann-Kendall 法对比分析,确定皇甫川年径流量在20世纪80年代中后期减少是一突变现象,具体突变时间是从1986年开始的。

第5章 水土保持措施的减洪减沙作用分析

5.1 分析方法

计算水土保持措施减水减沙效益,目前主要有"水文法"和"水保法"两种方法。

5.1.1 水文分析法

水文分析法简称"水文法",是从水文统计方面分析计算河流水沙变化的一种方法。河流的水量和沙量是流域降雨和下垫面结合的产物,它们之间具有统计相关关系。一个流域,如果下垫面条件不变,在一定的降雨条件下,将会产生一定的水量和沙量;如果下垫面条件变化,在同样的降雨条件下,将会产生不同的水量和沙量。"水文法"即是根据此原理,利用治理前实测的水文资料,通过多元回归方法,建立降雨、径流、泥沙关系式——水文经验模型。以治理后的降雨资料代入关系式,求得在未治理情况下可能产生的水量和沙量,即所谓天然产水产沙量,以此与治理后实测水量和沙量比较,其差值即经过治理减少的水量和沙量。

流域水文模拟旨在应用物理数学和水文学知识,在流域尺度范围内,对降雨径流形成过程进行局部或综合模拟,从而达到确定流域水文响应的目的。流域水文模型则是体现这种数学模拟的逻辑装置。流域水文模型是分析研究气候变化和人类活动对洪水、水土流失和水资源影响的有效工具。

根据反映水文要素的科学性和复杂性,流域水文模型通常可以分为三大类:水文统计模型、概念性模型和物理模型。目前,产流产沙模型主要有以下几类。

5.1.1.1 水文统计模型

水文统计模型一般采用回归分析方法,它只关心模拟结果的精度,而不考虑输入—输出之间的物理因果关系,适用于资料系列比较齐全的流域,因此又被称为黑箱子模型(Black-box model)。

水文统计模型是根据统计相关理论,建立水土保持措施治理前流域产流产沙模型,然后将治理后的降雨条件代入还原计算相当于治理前的产流产沙量,再与实测水沙量比较,从而求得水利水保措施减水减沙效益,这种方法通常称为经验性模型或统计模型。

该方法比较直观、简单,计算也比较方便,在建立公式的资料范围内具有可靠精度,所以现阶段应用较多,也较为成熟。特别是对大尺度的流域,水文统计模型是较为理想的方法。但该方法作地区移用或按设计条件外延,尤其是预测未来人类活动影响时,其精度往往难以控制,不宜单独进行未来趋势预测。

降雨径流模型:经验的降雨径流模型在水文学中应用较多。通常的降雨径流统计模型,根据不同流域既可选择线性相关,也可选择幂指数相关,既可选择单因素相关,也可选择多因素综合相关,应用时可根据实测资料优化拟合确定。

产沙经验模型:产沙经验模型是由产输沙量与影响产输沙的主导因子间通过回归分析等建立的产沙经验关系,产沙经验关系主要有降雨产沙关系与径流输沙关系。降雨产沙关系是指流域测控点以上区域的降雨与测控点输沙量之间的经验关系。

水文统计模型要求的条件是降雨、径流和泥沙资料要有较高的准确性,特别是降雨资料,由于黄河中游降雨的时空分布极不均匀,20世纪70年代以前的雨量站点少,分析精度大大受限,因而"水文法"中又产生了许多具体的计算方法,现介绍如下:

（1）不同系列对比法

不同系列对比法是以水利水保工程影响较少时期的实测径流量和输沙量为基础值,然后用水利水保工程影响较大时期的实测值与其直接比较,将其差值视为水利水保工程的拦蓄作用。该方法快速直观,但该方法成立的前提是水利水保工程实施前后的降雨情况,特别是暴雨条件要基本一致,若后一时期有明显的偏旱或暴雨偏少等气候因素的影响,则该方法对比出来的实测径流泥沙差值应包括人类活动和气候因素的共同作用。大量分析表明,在黄河中游地区20世纪70年代、80年代和90年代气候比50年代、60年代明显偏旱。因此,该方法只能用来了解不同阶段的大致的水沙变化趋势。

（2）双累积曲线法

双累积曲线就是自变量与因变量两者同步累积所建立的相关关系。由于降雨与径流或降雨与输沙的关系非常离散,相关系数较小,而离差系数较大,用自变量与因变量各自累积值建立相关关系,然后分析其关系线曲率的变化,认为关系线曲率发生较大变化以后的点距应该是受到水利水保工程拦蓄影响所致。因此,可据此分析水利水保工程措施对径流泥沙的拦蓄作用。双累积曲线法比不同系列对比法有较大改进,从理论上讲,它能消除因气候偏旱引起的径流泥沙偏少。

（3）产流降雨对比法

产流降雨对比法是首先求出各时段的有效降雨,再利用水利水保工程影响较小时期的产流产沙系数推求近期相当于无工程影响的天然径流量和输沙量,最后用计算值和实测值进行比较,分析水利水保工程的拦蓄作用。这种方法从理论上看比较简单,易于操作,能够排除气候因素的波动影响,但这种方法的不足是只用水利水保工程影响较小时期的一个平均产流产沙系数,实际上应该是用水利水保工程影响较小时期的有效降雨量与对应年份汛期的产流产沙量,求出各年的产流产沙系数,建立有效降雨量与产流产沙系数间的关系,然后再估算有水利水保工程影响时期逐年天然的产流产沙量,再与实测径流量和输沙量比较,分析其水利水保工程的拦蓄作用。

产流降雨对比法是一个可行的办法,理论上容易理解,但是应注意:计算时段越小越好;产流产沙系数应与降雨因子建立关系,它是变值,而不是定值,因为产流产沙系数的大小依赖于降雨的变化,特别是雨强的变化。

（4）经验公式法

经验公式法是随着计算机的普及而迅速发展的,它实际上是各种物理概念或经验相关图的数学模拟,大多数是因变量与各种自变量的回归统计。由于黄河水沙变化的复杂性,经验公式在黄河中游应用尚有许多困难和问题。由于黄河中游暴雨时空分布极不均匀,而1970年以前的雨量站点少并且变动频繁,建模时段的资料的代表性、一致性和可靠性受到极大的限制,再好的模型,没有靠得住的基础资料支撑也是不可能模拟出符合实际的结果的。

在实际工作中,虽然对降雨产流产沙模型进行了验证,但仍存在偏大偏小的可能。一些特殊点偏离关系线,有的分居关系线两侧而相互抵消。尽管可以剔除偏离关系线较大的特殊点而使验算误差为零或在一定的误差范围内,但这种模型由于剔除了特殊点,未能反映降雨产流产沙的真实规律。在水文分析中,特殊点非常重要,轻易剔除明显不妥。由于治理前根据降雨产流产沙模型得到的计算值和实测值并不一定相等,所以传统的经验公式法计算产流产沙具有一定的局限性。

5.1.1.2 概念性模型

随着对产沙机制研究的不断深入和多沙河流调水调沙、水环境模拟和预测等的需要,近年来针对黄河中游地区开始了概念性流域产流产沙数学模型的研究。概念性流域产流产沙模型是基于侵蚀力学、水力学、水文学及泥沙运动力学等基本理论,利用多种数学方法,把侵蚀产沙、水沙汇流及泥沙沉积的物理过程经过一定的简化,以数学形式表达出来的因变量与自变量之间的关系。它与统计模型相比有更多的优点,例如模型结构基本上反映了产流产沙机制,考虑的因素比较全面合理,有一定的理论基础,实用上有更大的普遍性,更具有物理基础,有利于地区移用,可以进行较高精度的外延,能预测预报土壤侵蚀在时间和空间上的变化,具有广阔的发展前景。但这种方法目前还不够完善,在实际应用时,尚有许多经验性的处理方法有待改进,还没有达到广泛应用的程度。

概念性模型是以水文现象的物理概念和一些经验公式为基础构造的,它把流域的物理基础(如下垫面等)进行概化(如线性水库、土层划分、需水容量曲线等),再结合水文经验公式(如下渗曲线、汇流单位线、蒸散发公式等)来近似地模拟流域水流过程。按对模拟流域的处理方法,概念性模型又可分为集总式概念性模型和分布式概念性模型。集总式概念性模型把全流域当作一个整体来建立模型,即对流域参数(变量)进行均化处理。与此相对,分布式概念性模型则按流域下垫面不同特征和降水的不均匀性把流域分为若干个单元,对每一单元采用不同特征参数进行模拟计算,然后依据各单元的水力联系和水量平衡原理通过汇流演算得到全流域的输出结果。概念性流域产沙模型是把侵蚀产沙、水沙汇流及泥沙沉积的物理过程经过一定的简化,以数学形式表达的关系。它是以流域为系统,模拟流域上降雨、径流及产输沙形成过程,其特点是基于流域水文的自然过程,根据"确定性系统"的概念与方法,作出数字模拟。

5.1.1.3 物理模型

物理模型一般都是分布式模型,因此又称分布式水文物理模型(Physically-based distributed model)。物理模型一般认为流域上各点的水力学特征是非均匀分布的,从而依据物理学质量、动量与能量守恒定律以及流域产汇流特性,构造水动力学方程组,来模拟降雨径流在时空上的变化。与概念性模型中把基本单元简化为一个垂直圆柱体而只考虑水力的垂向运动不同的是,物理模型提出既要考虑单元内部垂直方向水量交换,又要考虑水平方向水量交换。其中,有代表性的有 SHE 模型和 DBSIN 模型等。

随着数据获取和数据库管理能力的提高,流域水文模型愈来愈综合化,一个模型开发出来,往往兼具上述各模型类别的某些特点。如 TOPMODEL 和 TOPKAPI 模型。

5.1.2 水土保持分析法

水土保持分析法简称"水保法",也称成因分析法,是从成因方面分析计算流域水沙变化的一种方法。通过分项调查各阶段水利、水保措施以及其他社会经济活动的蓄水拦沙资料,再根据具体情况适当加以修正来确定流域拦蓄水沙量,其各项总和与河川实测径流量和输沙量相加,即为天然径流量和天然输沙量,各阶段天然径流量和天然输沙量均值对基准期的差值,即为降水波动所引起的河川径流量和输沙量的变化。水土保持分析法计算的好处有三点:一是能清楚地了解各项措施在流域水沙变化中的作用;二是能检验水文分析法计算出的结果是否合理;三是不仅能分析计算流域以往的减水减沙效益,而且能预测未来水沙变化趋势。因此,它是一种很重要的必不可少的分析计算方法。

水土保持分析法是根据水土保持试验站对各项水土保持措施减水减沙作用的试验观测资料,对治理流域按各项水土保持措施分项计算减水减沙效益后逐项相加,并考虑流域侵蚀产沙在河道运行中的冲淤变化,以及人类活动的新增水土流失数量等来计算水土保持措施减水减沙效益的一种方法。水土保持分析法必须与土壤侵蚀研究密切结合,准确细致地分析试验区单项措施固沙减水效果,然后才能应用到研究流域。利用水土保持分析法计算的优点主要有:能与"水文法"计算的水土保持减水减沙成果进行合理性对比分析;能了解在实施各项水保措施的土地上土壤侵蚀的减轻程度,从而研究水土保持在整治国土、改善农业生产条件、促进当地农林牧业生产方面的具体作用;不仅能分析计算现状治理减水减沙作用,而且能预测未来水沙变化发展趋势。水土保持分析法是一种很重要的分析计算方法。

水利水保措施减水减沙作用的分析计算,由于影响因素复杂,各主要因子在不同条件下的作用又千差万别,为了能正确地反映各因子在不同环境条件下的内在关系,必须首先分析单项水保措施的减水减沙作用,进而探讨大中流域水土保持措施减水减沙作用的计算方法。

"水保法"用于水土保持减水减沙效益的研究,20 世纪 80 年代以前较多地局限于试验区和小流域。80 年代后期黄委将其应用于黄河水系的北洛河、无定河等大中流域减水减沙效益分析;长江委也较好地运用水土保持分析法研究了嘉陵江中下游低山丘陵区和三峡库区"长治"工程的减沙效益。

"水保法"作为一种直观的成因分析法,保证其计算精度的关键是蓄水拦沙指标的科学确定和治理措施数量、质量以及分布的调查落实。蓄水拦沙指标的确定,以往都是根据径流小区观测资料加以折减移用到大面积上,近年来较以往有较大改进的是,考虑了时间因子及水文效应的影响,利用降雨因子对治坡措施和坝地拦沙指标进行了修正,同时还考虑推移质泥沙的影响,这些对提高计算精度是有益处的。对水土保持措施实施和保存情况的资料要求严格,在应用前除收集地方水土保持部门的统计资料外,还必须与野外调查相结合,确保各种治理措施的数据准确可靠。

从目前的研究状况来看,无论是各项措施量的确定,还是相应指标的选取,仍带有很大的任意性,即使同一流域,不同研究者所取数值往往也相差不少,所以指标的恰当选取相当困难,不仅受措施本身状况(包括措施数量、质量、管理以及分布等)的影响,还受水文、气象等边界条件以及时间尺度的影响。目前,对这些问题都采用比较简单的方法加以处理,例如,假定拦蓄指标每年按某一比例增加或减少多少;根据调查资料确定小区推大区面积折减多少,将指标按丰水年、平水年和枯水年选取,以此反映水文因素的影响。

实际上,这些方法并不能真正消除人为的任意性,并未完全剔除诸如降雨年内分配以及次暴雨特性变化对措施拦蓄作用的影响。因此,今后的研究一定要深入现场,使分析计算成果真正建立在可靠的基础资料之上,以提高计算精度。

5.1.3 水文水保混合法

水文水保混合法是在水沙基金第二期研究中提出来的,由于1970年以前建模系列偏短,而1970年以后的分析系列越来越长,如果所模拟流域1970年以前没有发生过较大洪水,这在实际模拟中就必然会产生一定的困难。而水文水保混合法就是在"水文法"的基础上加进了下垫面水利水保工程的拦蓄能力因子,对整个实测系列进行仿真模拟,然后假定水保因子为零,亦即无水利水保工程的情形,再计算天然产流产沙量,并与实测值比较。水文水保混合法的优点是,考虑了水利水保的拦蓄能力,使仿真模拟系列变长,能照顾到各种丰水年、平水年和枯水年的实际情况。但它要求有逐年的水保措施量及其逐年的拦蓄能力等资料,这实际上只能做一些假设处理,应该说这是一种估算方法,目前仍存在许多问题。

5.2 三川河流域水土保持措施的减洪减沙效益

5.2.1 "水文法"减洪减沙效益计算

5.2.1.1 水沙变化评价模型

流域水沙变化评价方法大致可划分为以下三种类型:水文模拟法、水土保持计算法和相似比拟法。计算机技术的迅速发展使越来越多的学者更青睐于水文模拟法,近几年来,经过不断的研究,已经提出了不少的水土保持效益评价模型用于流域水沙变化原因分析,这些模型的精度对水土保持效益的计算起着至关重要的作用,因此在应用之前有必要对所建模型的精度进行验证比较。

在近些年的一些科研工作中建立的三川河流域水沙变化模型有以下几种。

(1)由黄河水土保持科研基金项目资助,于一鸣等基于年、汛期、枯期降水、降水指标与年径流量、年泥沙量的相关分析,建立了年径流、泥沙的估算公式:

$$R = 0.003\,77 P_{年}^{1.061}(P_{枯}/P_{汛})^{0.048} \tag{5-1}$$

$$W_s = 2\,766.93 K^{2.527} \tag{5-2}$$

式中 R 、W_s ——年径流、泥沙量;

$P_{年}$ 、$P_{汛}$ 、$P_{枯}$ ——流域平均年、汛期、枯期降水量;

K ——降雨指标,反映降雨量及降雨强度对泥沙量的影响作用, $K = n_1 M_{p1} + n_2 M_{p30} + n_3 M_{ps} + n_4 M_{pn}$,其中 n_1 、n_2 、n_3 分别代表最大1日沙量、最大月沙

量和汛期沙量占全年沙量的比例，$n_1 = \dfrac{W_{s1}}{W_{sa}}$，$n_2 = \dfrac{W_{s30} - W_{s1}}{W_{sa}}$，$n_3 =$

$\dfrac{W_{ss} - W_{s30}}{W_{sa}}$，$n_4 = 100\% - (n_1 + n_2 + n_3)$，$M_{p1} = \dfrac{P_{1i}}{P_1}$，$M_{p30} = \dfrac{P_{30i}}{P_{30}}$，$M_{ps} =$

$\dfrac{P_{si}}{P_s}$，$M_{pn} = \dfrac{P_{ni}}{P_n}$，$P_{1i}$、$P_{30i}$、$P_{si}$ 和 P_{ni} 分别代表流域内所有雨量站最大 1 日、最大 30 日、汛期及非汛期流域平均降雨量(mm)的算术平均值，P_1、P_{30}、P_s、P_n 分别为相应统计时段的均值(mm)。

验算结果表明，公式相关系数均在 0.8 以上。

（2）在国家自然科学基金重大项目"黄河流域环境演变与水沙运行规律"的研究中，熊贵枢等建立的水沙计算公式如下：

$$W_w = \alpha_1 \cdot P_1 + \alpha_2 \cdot P_2 + \cdots + \alpha_m \cdot P_m \tag{5-3}$$

$$W_s = \beta_1 \cdot P_1 + \beta_2 \cdot P_2 + \cdots + \beta_m \cdot P_m \tag{5-4}$$

式中　$\alpha_1, \alpha_2, \cdots, \alpha_m$——分级降水径流系数；

$\beta_1, \beta_2, \cdots, \beta_m$——分级降水产沙系数；

$P_1, P_2, \cdots, P_m$——分级日降水量；

W_w、W_s——径流、泥沙量。

验算结果表明，计算值与实测值非常接近。

（3）王广仁等认为径流由地表径流和地下径流构成，并且地下径流与前期降水有关，于是引入前期流域吸水量参数 h_a（前一个汛期流域平均降水量减去径流深），对汛期、非汛期径流量和汛期泥沙量分别估算，公式如下：

$$W_{10-5} = k \cdot P_{10-5}^{0.575} \tag{5-5}$$

$$W_{D(6-9)} = 1.35 \times 10^{-6} P_{6-9}^{2.31} \tag{5-6}$$

$$W_{B(6-9)} = 658 \times 10^{-4} \sum_{10}^{5} Q_i \tag{5-7}$$

$$W_{s(6-9)} = 1\,688 W_{D(6-9)}^{0.93} \left[\frac{P_{(7+8)\geqslant 2}}{P_{(6+9)\geqslant 2}} \right]^{0.46} \tag{5-8}$$

$$h_a = P_{6-9} - 10^5 \times \frac{W_{6-9}}{A} \tag{5-9}$$

式中　W_{10-5}、P_{10-5}——10 月至次年 5 月径流、降水量；

$W_{D(6-9)}$、$W_{B(6-9)}$、$W_{s(6-9)}$、W_{6-9} 和 P_{6-9}——汛期地表径流、地下径流、泥沙、径流和降水量；

$P_{(7+8)\geqslant 2}$——7 月和 8 月大于等于 2 mm 的日降水量之和；

$P_{(6+9)\geqslant 2}$——6 月和 9 月大于等于 2 mm 的日降水量之和；

A——流域面积；

k——系数，当 $h_a \leqslant 310$ 时，$k = 5.2 \times 10^{-2}$，当 $h_a \geqslant 310$ 时，$k = 3.05 \times 10^{-7} h_a^{2.1}$。

验算结果表明，公式相关系数均达到 0.9 以上。

（4）赵文林等取汛期有效降水量 P_e 及 7 月、8 月有效降雨强度 I_e 作为主要参数，建立了汛期产沙量、产流量计算公式：

$$W_s = 0.587 P_e^{0.61} I_e^{1.76} \tag{5-10}$$

$$W = 5.7 \times 10^{-5} P_e^{1.09} I_e^{1.34} \tag{5-11}$$

式中　W、W_s——汛期产流量和产沙量。

验算结果表明，公式相关系数均在 0.95 以上。

(5)徐建华等分析了年特征降水指标与流域年产流量 W_a、产沙量 W_{sa} 之间的关系，公式如下：

$$W_a = 708.614 \left[0.303 P_{30}^{1.88} + 0.265 (P_f - P_{30})^{10.89} + 0.432 P_a \right]^{0.43} \tag{5-12}$$

$$W_{sa} = 0.036\,5 \times \left[0.76 P_1 + 0.19 (P_{30} - P_1) + 0.14 (P_f - P_{30}) + 0.02 (P_a - P_f) \right]^{2.457} \tag{5-13}$$

式中　P_1、P_{30}——最大 1 日降水量和最大 30 日降水量；

　　　P_f、P_a——汛期和年降水量。

验算结果表明，公式相关系数分别为 0.8 和 0.86。

(6)为克服资料序列短的弊病，李雪梅等将水土保持措施对水沙的影响视为降水的损失，提出了用降水附加损失系数 ξ 来定量描述水土保持措施的作用，进而提出了考虑水土保持措施的混合模型：

$$\xi = \frac{\sum W_{mi} \cdot f_i + \sum V_{mi}}{F_{ls} \cdot \overline{P}} \tag{5-14}$$

$$W = -483.5 + 2.009\,4(1 - \xi_1)P_1 I_1 - 0.277\,5(1 - \xi_2)P_2 I_2 + 2.409\,9(1 - \xi_3)P_3 I_3 - 0.273\,1(1 - \xi_4)P_4 I_4 \tag{5-15}$$

$$W_s = -1\,187.7 - 0.113\,2(1 - \xi_1)P_1 I_1 + 0.040\,4(1 - \xi_2)P_2 I_2 + 0.510\,3(1 - \xi_3)P_3 I_3 - 0.195\,2(1 - \xi_4)P_4 I_4 \tag{5-16}$$

式中　f_i——某项治坡措施面积；

　　　W_{mi}——某项治坡措施单位面积最大拦蓄径流量；

　　　V_{mi}——某项治沟措施当年剩余库容；

　　　F_{ls}——水土流失面积；

　　　$\overline{P}$——某站多年平均年降水量；

　　　P_i——某站汛期 5~10 月降水量；

　　　I_i——某站 5~10 月的日均降水量。

应用流域 1957~1989 年的资料进行回归分析，相关系数分别为 0.8 和 0.67。

(7)冉大川等将通过流量过程分割，分别建立了洪量与基流的估算公式，认为泥沙主要由洪水所挟带，在此基础上，建立了降雨与洪沙的相关关系式：

$$W_H = 0.003\,65 P_{7+8}^{2.666\,5} \tag{5-17}$$

$$W_C = 21.67 P_N^{1.910\,4} P_Y^{-0.890\,3} \tag{5-18}$$

$$W_{HS} = 0.024\,8^{2.977\,8} P_{7+8} / P_N^{0.759\,5} \tag{5-19}$$

式中　W_H、W_C、W_{HS}——年洪水径流量、有效径流量与洪水输沙量；

　　　P_{7+8}——7 月和 8 月降水量之和；

P_Y ——年有效降水量;

P_N ——年降水量。

5.2.1.2 模型验证

以上模型到底精度如何,需要进行验证。验证方法为:统计 1970 年以前的实测资料,计算公式所需参数,并将参数代入模型进行计算,将计算出的结果与实测资料进行对比,计算值与实测值之间的差值即为误差。

表 5-1～表 5-5 是对以上模型进行的验证。

表 5-1　于一鸣三川河流域降雨产流模型验证计算表(一)

年份	$P_汛$ (mm)	$P_年$ (mm)	$P_枯$ (mm)	$R_计$ (万 m³)	$R_实$ (万 m³)	$\dfrac{R_计 - R_实}{R_实}$ (%)
1957	289.9	396.4	106.5	28 258	16 840	68.7
1958	525.2	579.5	54.3	43 503	30 090	44.6
1959	527.2	649.3	122.1	49 091	47 935	2.4
1960	282.9	355.7	72.8	25 161	16 966	48.3
1961	449.3	639.0	189.7	47 896	25 008	91.5
1962	411.2	465.9	54.7	34 109	27 878	22.4
1963	526.6	581.8	55.2	43 692	33 113	31.9
1964	595.4	731.6	136.2	56 044	49 196	13.9
1965	182.7	296.7	114.0	20 325	24 346	−16.5
1966	476.7	573.0	96.3	42 786	41 312	3.6
1967	527.2	610.5	83.3	45 984	45 727	0.6
1968	272.3	413.7	141.4	29 480	24 661	19.5
1969	452.2	534.3	82.1	39 626	36 897	7.4

表 5-2　于一鸣三川河流域降雨产沙模型验证计算表(二)

年份	n_1	M_{p1}	n_2	M_{p30}	n_3	M_{ps}	n_4	M_{pn}	K	$W_{s计}$ (万 t)	$W_{s实}$ (万 t)	$\dfrac{W_{s计} - W_{s实}}{W_{s实}}$ (%)
1957	0.486	0.741	0.251	0.683	0.262	0.683	0	0.203	0.711	1 168	1 507	−22.5
1958	0.328	1.670	0.482	1.463	0.191	1.237	−0.002	0.103	1.490	7 579	4 131	83.5
1959	0.589	1.479	0.268	1.404	0.140	1.242	0.003	0.232	1.422	6 732	8 350	−19.4
1960	0.377	0.541	0.257	0.535	0.361	0.666	0.006	0.139	0.583	706	461	53.1
1961	0.203	0.890	0.400	0.850	0.374	1.058	0.024	0.361	0.924	2 268	1 400	62.0
1962	0.676	1.010	0.119	1.168	0.209	0.969	−0.003	0.104	1.023	2 931	4 080	−28.2
1963	0.358	1.195	0.186	0.946	0.455	1.241	0.001	0.105	1.168	4 096	3 090	32.6
1964	0.342	1.185	0.107	1.197	0.542	1.403	0.009	0.259	1.296	5 332	3 360	58.7
1965	0.576	0.618	0.256	0.502	0.159	0.430	0.009	0.217	0.555	625	676	−7.5
1966	0.483	1.017	0.207	1.135	0.307	1.123	0.002	0.183	1.072	3 300	8 260	−60.0
1967	0.362	1.029	0.307	1.446	0.330	1.242	0.001	0.159	1.226	4 631	5 730	−19.2
1968	0.311	0.714	0.432	0.646	0.228	0.641	0.028	0.269	0.656	953	1 250	−23.8
1969	0.577	0.918	0.384	1.024	0.029	1.065	0.009	0.156	0.956	2 470	5 600	−55.9

表 5-3　赵文林三川河流域降雨产流产沙模型验证计算表

年份	P_e (mm)	I_e (mm/d)	$W_{s计}$ (万 t)	$W_{s实}$ (万 t)	$\dfrac{W_{s计}-W_{s实}}{W_{s实}}$ (%)	$W_计$ (万 m³)	$W_实$ (万 m³)	$\dfrac{W_计-W_实}{W_实}$ (%)
1957	206.9	22.7	3 697	1 507	145.3	12 506	8 917	40.2
1958	449.55	27.4	8 266	4 138	99.8	37 496	21 626	73.4
1959	437.963	31	10 109	8 323	21.5	43 000	37 319	15.2
1960	179.367	17.1	2 058	458	349.3	7 323	7 548	−3.0
1961	439.3	27.9	8 414	1 367	515.5	37 462	11 228	233.6
1962	318.5	25.5	5 903	4 092	44.3	23 390	17 781	31.5
1963	419.1	24.6	6 551	3 085	112.4	30 065	23 056	30.4
1964	459.314	23.6	6 439	3 331	93.3	31 425	28 984	8.4
1965	103	18.8	1 734	670	158.8	4 542	9 498	−52.2
1966	338.013	26.1	6 376	8 241	−22.6	25 746	29 368	−12.3
1967	395	29.4	8 647	5 723	51.1	35 789	32 216	11.1
1968	167.929	19.9	2 582	1 215	112.5	8 351	11 025	−24.3
1969	294.8	24.8	5 361	5 548	−3.4	20 712	23 204	−10.7

表 5-4　徐建华三川河流域降雨产流产沙模型验证计算表

年份	P_f (mm)	P_{30} (mm)	P_a (mm)	P_1 (mm)	$W_{a计}$ (万 m³)	$W_{a实}$ (万 m³)	$\dfrac{W_{a计}-W_{a实}}{W_{a实}}$ (%)	$W_{sa计}$ (万 t)	$W_{sa实}$ (万 t)	$\dfrac{W_{sa计}-W_{sa实}}{W_{sa实}}$ (%)
1957	289.9	140.2	396.4		23 635	16 840	40.4			
1958	525.2	300.4	579.5		43 077	30 090	43.2			
1959	527.2	288.2	649.3	86.4	41 720	47 935	−13.0	6 831	8 350	−18.2
1960	282.9	109.8	355.7	31.6	19 617	16 966	15.6	1 023	461	121.9
1961	449.3	174.5	639.0	52.0	28 259	25 008	13.0	3 381	1 400	141.5
1962	411.2	239.8	465.9	59.0	35 966	27 878	29.0	3 320	4 080	−18.6
1963	526.6	194.2	581.8	69.8	30 631	33 113	−7.5	5 111	3 090	65.4
1964	595.4	245.7	731.6	69.2	36 888	49 196	−25.0	6 584	3 360	96.0
1965	182.7	103.2	296.7	36.1	18 572	24 346	−23.7	646	676	−4.4
1966	476.7	233.0	573.0	59.4	35 261	41 312	−14.6	4 148	8 260	−49.8
1967	527.2	296.9	610.5	60.2	42 693	45 727	−6.6	5 141	5 730	−10.3
1968	272.3	132.7	413.7	41.7	22 686	24 661	−8.0	1 307	1 250	4.6
1969	452.2	210.3	534.3	53.6	32 518	36 897	−11.9	3 458	5 600	−38.3

表 5-5　冉大川三川河流域降雨产流产沙模型验证计算表

年份	P_{7+8}（mm）	$W_{H计}$（万 m^3）	$W_{H实}$（万 m^3）	$\dfrac{W_{H计} - W_{H实}}{W_{H实}}$（%）	$W_{HS计}$（万 t）	$W_{HS实}$（万 t）	$\dfrac{W_{HS计} - W_{HS实}}{W_{HS实}}$（%）
1959	376.3	26 942	26 824	0.4	8 469	8 332	1.6
1960	137.2	1 828	1 593	14.8	663	449	47.7
1961	236.6	7 818	4 881	60.2	2 153	1 382	55.8
1962	307.1	15 671	9 165	71.0	5 950	4 072	46.1
1963	203.7	5 244	12 448	−57.9	1 480	3 066	−51.7
1964	304.8	15 360	16 168	−5.0	4 130	3 346	23.4
1965	116.9	1 193	1 425	−16.3	472	665	−29.0
1966	329.4	18 892	18 961	−0.4	6 265	8 247	−24.0
1967	301.5	14 921	22 956	−35.0	4 587	5 707	−19.6
1968	157.7	2 650	3 415	−22.4	895	1 230	−27.2
1969	264.3	10 502	14 941	−29.7	3 429	5 586	−38.6

由表 5-1 ~ 表 5-5 的验证结果来看,徐建华、赵文林所建产沙模型相对误差较大,产沙量的计算结果个别年份相对误差达到 100% 以上,可见其所建模型对三川河流域的产沙过程模拟效果不甚理想。以上各产流产沙公式对产流的模拟效果较产沙为好,除个别年份计算产流量有较大误差外,其余年份相对误差基本能控制在 50% 以内。其中,冉大川所建公式产洪、产沙计算结果的相对误差均较小,对天然水沙过程具有较好的模拟效果。因而,本书分析取用冉大川的计算模型。

5.2.1.3　模型计算

（1）基本资料的获取与处理

分析计算流域水土保持减水减沙作用,是以流域内观测的水文泥沙资料和水保措施的数量等为依据的,其可靠与否直接影响计算结果的可信度。从目前河龙区间基本资料状况看,在水文资料方面,主要存在雨量站网布设不均、资料系列不一致等问题;在水保资料方面,大面积上存在水保措施的数量、质量及分布状况不清,统计工作因受科技手段限制及人为因素的干扰,与实际状况有较大出入等弊端,不但给分析研究工作带来影响,而且还严重影响了资料的完整性、代表性和可靠性。因此,在计算前必须广泛收集水文资料并对缺测、漏测资料进行插补延展,对基础资料进行系列化处理。

所谓系列化处理,是以流域站点数较多的降雨资料系列为标准,将流域前期站点数较少的降雨资料系列通过与站点数较多的系列建立相关关系,统一到站点数较多的系列上来。这样做,既充分利用了降雨资料,又保证了资料系列前、后期的一致性。

（2）"水文法"减洪减沙效益计算

本书采用经验公式法进行计算,经验公式法是"水文法"减洪减沙效益计算中最重要的一种方法,其基本原理是:通过对流域降雨产洪产沙基本规律的分析,以水土保持措施明显产生效益前的基准期降雨、洪水和洪沙实测资料为依据,建立降雨产洪产沙数学模型;将 1970 年以后的实测降雨资料代入此模型中,计算相当于下垫面不变时应产生的水量和沙量;计算的水沙量和同期实测的水沙量之差即为人类活动影响的减洪减沙量。根据独立同分布检验结果,将三川河流域的水土保持效益分界年定为 1970 年;根据前文中对三川河流域水沙评价模型的验证结果,选用精度较高且结构形式比较简单的冉大川等建立的三川河流域降雨产流产沙模型。具体计算公式如下。

①削洪效益

利用流域治理前的资料,通过逐步回归分析,经筛选后得到后大成降雨产洪相关方程为:

$$W_H = 0.003\,65 P_{7+8}^{2.666\,5} \qquad (R = 0.94) \tag{5-20}$$

式中　W_H ——产洪量,万 m³;

　　　P_{7+8} ——流域 7 月、8 月降水量之和,mm。

②降雨减洪沙效益

洪沙是流域内对应于洪水的输沙量,三川河流域后大成水文站多年平均实测洪沙占年沙量的 99.6%,即流域内的产沙量几乎完全是以洪沙输沙——洪沙形式输移的。利用基准期洪沙量与各降雨指标拟合建立如下的降雨产沙模型:

$$W_{HS} = 0.024\,8 P_{7+8}^{2.977\,8}/P_N^{0.759\,5} \qquad (R = 0.92) \tag{5-21}$$

式中　W_{HS} ——产洪沙量,万 t;

　　　P_{7+8} ——流域 7 月、8 月降水量之和,mm;

　　　P_N ——流域年降水量,mm。

③经验公式法减洪减沙效益计算

经验公式法减洪减沙效益按下式计算:

$$\eta(\%) = \Delta W/W_{计} \times 100\% \tag{5-22}$$

式中　η ——流域减洪(减沙)效益(%);

　　　$W_{计}$ ——利用降雨产洪(产沙)模型计算出的洪量(沙量);

　　　ΔW ——计算洪量(沙量)与同期实测值之差。

利用上述公式计算的三川河流域近年减洪减沙量、减洪减沙效益见表 5-6、表 5-7。

表 5-6　三川河流域经验公式法减洪减沙量计算成果

年份	P_{7+8} (mm)	P_N (mm)	W_H (万 m³)	W_{HS} (万 t)
1997	151.3	332.8	2 372.4	933.0
1998	154.1	411.1	2 492.3	839.6
1999	195.6	353.2	4 708.3	1 917.3
2000	258.5	498.8	9 902.5	3 383.3
2001	180.9	411.2	3 819.4	1 352.1
2002	122.5	493.8	1 350.4	368.5
2003	213.1	613.7	5 916.4	1 626.2
2004	229.9	436.3	7 243.4	2 641.5
2005	173.8	405.9	3 434.5	1 212.7
2006	250.7	492.7	9 120.8	3 115.7

表 5-7　三川河流域经验公式法减洪减沙效益计算成果

年份	洪水径流量(万 m³)			减洪效益(%)	洪水输沙量(万 t)			减沙效益(%)
	实测	计算	差值		实测	计算	差值	
1997	632.5	2 372.4	1 739.9	73.3	86.7	933	846.3	90.7
1998	1 264.2	2 492.3	1 228.1	49.3	373.6	839.6	466.0	55.5
1999	972.7	4 708.3	3 735.6	79.3	142.2	1 917.3	1 775.1	92.6
2000	4 115	9 902.5	5 787.5	58.4	1 080	3 383.3	2 303.3	68.1
2001	383.9	3 819.4	3 435.5	89.9	5.9	1 352.1	1 346.2	99.6
2002	1 225.1	1 350.4	125.3	9.3	148.7	368.5	219.8	59.6
2003	2 152.9	5 916.4	3 763.5	63.6	160.7	1 626.2	1 465.5	90.1
2004	1 780.8	7 243.4	5 462.6	75.4	242.8	2 641.5	2 398.7	90.8
2005	454.4	3 434.5	2 980.1	86.8	8.4	1 212.7	1 204.3	99.3
2006	2 609.2	9 120.8	6 511.6	71.4	324.5	3 115.7	2 791.2	89.6
1997~2006	1 559.07	5 036	3 476.93	69.0	257.3	1 739	1 481.7	85.2

④降雨影响产洪产沙量计算

流域内的产流产沙状况主要受制于气象因素和流域下垫面的变化。流域内降水的空间分布、降水历时、前期影响雨量等的不同,必然会引起径流、泥沙的时空变化,这种变化可以通过实测资料来反映。降雨影响以不受人类活动影响的系列作为对比的基准期,用后期计算的不受人类活动影响的径流和泥沙值与基准期比较,其差值即为该时期由于降水变化引起的径流、泥沙变化量,其计算公式为:

$$\Delta W_{雨} = W_{前实} - W_{后计} \tag{5-23}$$

式中　$\Delta W_{雨}$——各年由于降雨变化所影响的减洪或减沙量;

$W_{前实}$——基准期实测洪量或沙量;

$W_{后计}$——治理后由降雨(指标)所计算的洪量或沙量。

降雨变化及人类活动影响减洪减沙量采用占总减洪减沙量的百分数来表示,即:

$$降雨影响(\%) = \Delta W_{雨} / (W_{前实} - W_{后实}) \times 100\% \tag{5-24}$$

$$人类活动影响(\%) = \Delta W_{人} / (W_{前实} - W_{后实}) \times 100\% \tag{5-25}$$

式中　$W_{后实}$——治理后实测洪(沙)量;

$\Delta W_{人}$——人类活动影响减洪(沙)量,按下式计算:

$$\Delta W_{人} = W_{后计} - W_{后实} \tag{5-26}$$

将有关数值代入以上各式,求得降雨影响减洪减沙量和综合治理影响减洪减沙量(见表 5-8)。

由表 5-8 知,1997~2006 年,因降雨较基准期减少,降雨影响减洪量 6 485 万 m³,占年平均总减洪量的 63%,综合治理减洪量 3 477 万 m³,占年平均总减洪量的 37%;降雨影响减沙量 1 931 万 t,占年平均总减沙量的 55.2%,综合治理减沙量 1 481.7 万 t,占年平均总减沙量的44.8%。可见,近期洪水洪沙的减少受降雨变化的影响较大。

表 5-8　降雨影响减洪减沙量计算成果

| 项目 | 年份 | 实测 | | 计算值 | 降雨影响 | | 综合治理 | |
		实测值	与基准期差值		降雨影响量	所占比例(%)	综合治理影响量	所占比例(%)
洪水径流量	1957~1969	11 521						
	1997	632.5	10 888.5	2 372.4	9 148.6	84.0	1 739.9	16.0
	1998	1 264.2	10 256.8	2 492.3	9 028.7	88.0	1 228.1	12.0
	1999	972.7	10 548.3	4 708.3	6 812.7	64.6	3 735.6	35.4
	2000	4 115	7 406.0	9 902.5	1 618.5	21.9	5 787.5	78.1
	2001	383.9	11 137.1	3 819.4	7 701.6	69.2	3 435.5	30.8
	2002	1 225.1	10 295.9	1 350.4	10 170.6	98.8	125.3	1.2
	2003	2 152.9	9 368.1	5 916.4	5 604.6	59.8	3 763.5	40.2
	2004	1 780.8	9 740.2	7 243.4	4 277.6	43.9	5 462.6	56.1
	2005	454.4	11 066.6	3 434.5	8 086.5	73.1	2 980.1	26.9
	2006	2 609.2	8 911.8	9 120.8	2 400.2	26.9	6 511.6	73.1
	1997~2006	1 559.1	9 962	5 036.0	6 485.0	63.0	3 477.0	37.0
洪水输沙量	1957~1969	3 670						
	1997	86.7	3 583.3	933.0	2 737.0	76.4	846.3	23.6
	1998	373.6	3 296.5	839.6	2 830.4	85.9	466.1	14.1
	1999	142.2	3 527.8	1 917.3	1 752.7	49.7	1 775.1	50.3
	2000	1 080.0	2 590.0	3 383.3	286.7	11.1	2 303.3	88.9
	2001	5.9	3 664.1	1 352.1	2 317.9	63.3	1 346.2	36.7
	2002	148.7	3 521.3	368.5	3 301.5	93.8	219.8	6.2
	2003	160.7	3 509.3	1 626.2	2 043.8	58.2	1 465.5	41.8
	2004	242.8	3 427.3	2 641.5	1 028.5	30.0	2 398.8	70.0
	2005	8.4	3 661.6	1 212.7	2 457.3	67.1	1 204.3	32.9
	2006	324.5	3 345.5	3 115.7	554.3	16.6	2 791.2	83.4
	1997~2006	257.3	3 412.7	1 739.0	1 931.0	55.2	1 481.7	44.8

注:径流量单位为万 m³,输沙量单位为万 t。

从 1970~2006 年水土保持措施生效后的整体情况(见表 5-9、表 5-10)来看,减洪效益为 44.2%,减沙效益为 63.4%;将历年减洪减沙量作对比可以看出,减洪减沙效益呈逐年上升的趋势,1997~2006 年减洪效益较 20 世纪七八十年代增长了 1 倍有余,减沙效益也大大高出历年值;20世纪70年代及90年代前期综合治理减洪减沙效益显著,居于主导地位,尤其是90年代前期,减沙作用尤甚;80年代及1997~2006年,则是降雨影响占主导地位,综合治理居其次。1970~2006年因水土保持综合治理年均减洪3 349万 m³,年均减沙1 671万 t。

表5-9　三川河历年减洪效益对比

计算系列	实测值（万 m³）	总减洪量（万 m³）	综合治理		降雨影响		减洪作用（%）
			减少量（万 m³）	比例(%)	减少量（万 m³）	比例(%)	
1957~1969	11 521						
1970~1979	6 781	4 740	2 962	62.5	1 778	37.5	30.4
1980~1989	4 552	6 969	1 979	28.4	4 990	71.6	30.3
1990~1996	4 366	7 155	4 978	69.6	2 177	30.4	53.3
1997~2006	1 559	9 962	3 477	37.0	6 485	63.0	62.7
1970~2006	4 315	7 206	3 349	49.4	3 857	50.6	44.2

注:摘自王存荣编写《三川河流域水土保持措施减水减沙效益研究》中表18-1。

表5-10　三川河历年减沙效益对比

计算系列	实测值（万 t）	总减洪量（万 t）	综合治理		降雨影响		减沙作用（%）
			减少量（万 t）	比例(%)	减少量（万 t）	比例(%)	
1957~1969	3 670						
1970~1979	1 822	1 848	1 483	80.2	365	19.8	44.9
1980~1989	960	2 710	1 164	43.0	1 546	57.0	54.8
1990~1996	1 074	2 596	2 555	98.4	41	1.6	70.4
1997~2006	257	3 413	1 482	44.8	1 931	55.2	83.6
1970~2006	1 028	2 642	1 671	66.6	971	33.4	63.4

注:摘自王存荣编写《三川河流域水土保持措施减水减沙效益研究》中表18-1。

5.2.1.4　流域洪水泥沙关系分析

流域洪水泥沙关系是表征流域水沙特征最重要的关系式,是流域地质、地貌、植被和人类活动的综合反映,是研究流域河道冲淤变化及流域泥沙输移的重要依据,同时也是依径流量来预测输沙量的基础。

流域基准期(基本无治理的自然状况)的洪沙关系,是流域原始状况下产洪产沙的综合反映,也是"水保法"坡面措施"以洪算沙"的重要依据。三川河流域基准期(1959~1969年)、长系列(1959~2006年)洪水洪沙关系在散点图上呈幂函数分布(见图5-1、图5-2),其关系式为:

基准期　　　　　　　$W_{HS} = 0.624\ 5W_H^{0.926\ 4}$　　　　　　(5-27)

长系列　　　　　　　$W_{HS} = 0.035\ 6_H^{1.224\ 5}$　　　　　　(5-28)

式中　W_{HS}——流域年洪沙量,万 t;

　　　W_H——流域年洪水量,万 m³。

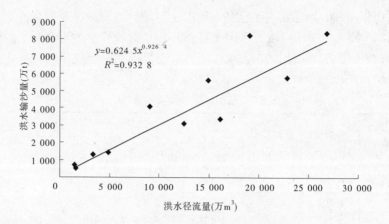

图 5-1   三川河流域基准期洪水洪沙关系

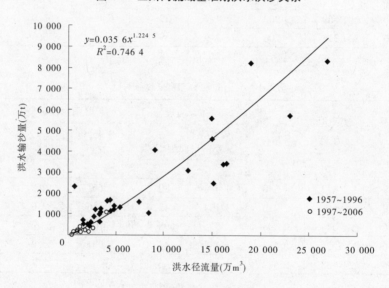

图 5-2   三川河流域长系列洪水洪沙关系

上式相关系数分别为 $R=0.97$，$R=0.86$，说明流域长系列洪水洪沙关系良好。沙随水来，水挟沙去。每次大的暴雨洪水，无论是挟沙能力还是含沙量都很高，三川河 1967 年曾出现过含沙量达 988 kg/m^3 的洪水，最大年输沙量 8 350 万 t，出现在 1959 年，而该年的实测年径流量达 48 000 万 m^3，在全资料系列中仅次于 1964 年的 49 200 万 m^3，位居第二，这更进一步反映了流域洪水洪沙的正比例增减关系。

5.2.2   "水保法"减洪减沙效益计算

5.2.2.1   计算分区和水土保持措施的调查落实

（1）计算分区

黄河中游水土流失类型区有黄土丘陵沟壑区、黄土高塬沟壑区、黄土阶地区、黄土丘陵区、土石山区、冲积平原区和风沙区等。每个类型区的土壤侵蚀模数都不一样，甚至相差很大。比如黄土丘陵沟壑区的土壤侵蚀模数在 17 000 t/（km^2·a）以上，黄土高塬沟壑区在 4 000 t/(km² · a)以下,而风沙区和黄土丘陵区只有几百吨每平方千米每年,甚至只有几十吨每平方千米每年。不仅如此,即便是同一个类型区,不同的地方,其侵蚀模数也会相差很大,因此各项水土保持措施在不同类型区所起的减洪减沙作用也是不一样的。由于这个原因,一个流域如果不只是一个类型区或者虽只是一个类型区但土壤侵蚀模数差别很大,分析水土保持减洪减沙效益时就应划分计算区。这样可以使分析计算减小误差,得出的结果接近实际。

三川河流域内土壤侵蚀类型主要有黄土丘陵强烈侵蚀区和土石山轻度侵蚀区,其面积各接近一半,前者略多于后者,分别占总面积的 49.7% 和 46.6%;其区域平均土壤侵蚀模数分别为 1 万 ~ 2 万 t/(km² · a)和 1 485 t/(km² · a),其余的是河川区,面积仅 154 km²,土壤侵蚀模数为 800 t/(km² · a)。因此,本次研究将三川河流域分为三个计算区,即黄土丘陵强烈侵蚀区、土石山轻度侵蚀区和河川区。

(2)水土保持措施的调查落实

水土保持措施的数量、质量和分布,是分析计算减洪减沙效益的基础,必须准确可靠。一般来说,黄河流域各地历年完成的水土保持措施面积和数量都有上报数字,在分析减洪减沙效益之前,将一个流域内各地的数字加起来就行了。但实际上,只这样做是不够的,因为上报数字和实有数字之间有差距。对有的措施(比如林草)来讲,差距还相当大。造成这些差距的原因是多方面的。就造林来说,上报的数字多数不是实地丈量的数字,而是下拨种苗的折算数字。由于造林成活率低,一般在 50% 以下,未成林的面积没有扣除,补植的面积又作为新造面积上报,结果造成上报面积偏大。就种草来说,大部分地区都是草田轮作,种几年以后,又开垦种庄稼,种垦是基本平衡的。上报数字只有种草数字,没有开垦数字,只增不减,逐年累积,差距就愈来愈大。有些地方虽在荒山荒坡上种草,但草的生命周期很短,只有几年时间,新陈代谢的面积没有在上报的数字里反映。由于上报数字和实有数字不符,所以在进行水土保持效益计算之前,还必须对上报数字进行调查落实。

调查的方法有两种:一种是全面调查,即对全流域的每一座山、每一条沟都进行调查,这样调查得到的资料比较真实准确,但工作量大,当流域面积小,条件允许时可以这样做;另一种是抽样调查,即在全流域选择若干个典型地区进行调查,当流域面积大,全面调查有困难时,可以采用这种方法。

水土保持措施类型多、周期长、涉及范围广,核实难度很大。选取科学、合理的水土保持措施的核实方法是主要技术难点。研究时应宏观与微观相结合、典型调查与面上调查相结合、传统方法与新技术相结合、野外试验观测与资料收集分析相结合。

①制订统计调查方案,选择科学、合理的统计调查种类,设计调查表,确定调查参数或指标,提出调查组织实施计划。

②采用资料收集、统计上报等方式获得 1997 ~ 2006 年以县(市)为单元的水土保持措施统计年报资料。根据行政区划与流域区划的分异,将统计年报资料分解到不同流域中。

③根据不同自然条件、水土流失及其治理特点,随机抽样选取若干个小流域为典型样区,采用典型调查、遥感相结合的方法,进行水土保持措施数量及分布信息调查,获得样区水土保持措施数量、分布等相关的调查数据或指标。

④通过样区调查成果与其相应统计年报资料对比分析,利用统计方法,对调查数据进

行整理、审核、统计分组、综合评价,从而进一步确定出各项措施的校核系数,经综合评价分析后,确定水土保持统计上报资料的校核系数,对统计上报资料进行校核修正。将校核成果分别按流域、水土保持类型区分割,获得研究流域的水土保持措施数据。

⑤通过水土保持业务部门,收集 1997 年以来实施的生态修复、封禁治理、淤地坝工程建设项目资料。

5.2.2.2 水土保持措施减水减沙效益计算方法

水保措施实施前年径流量按下式计算:

$$W = W' + \Delta W \tag{5-29}$$

式中 W ——水保措施实施前年径流量;

W' ——水保措施实施后年径流量;

ΔW ——水保措施实施后径流变化量。

减水效益:

$$\eta_水 = \frac{\Delta W}{W} \times 100\% \tag{5-30}$$

水保措施实施前流域产沙量按下式计算:

$$W_s = W'_s + \Delta W_s \tag{5-31}$$

式中 W_s ——水保措施实施前流域产沙量;

W'_s ——水保措施实施后输沙量;

ΔW_s ——水保措施实际拦沙减蚀量。

减沙效益:

$$\eta_沙 = \frac{\Delta W_s}{W_s} \times 100\% \tag{5-32}$$

5.2.2.3 三川河流域近期水土保持蓄水拦沙量的计算

(1)各项措施保存面积的确定

流域水保措施保存面积是蓄水拦沙效益计算的基础,本次研究通过对三川河流域的实地调查和资料分析、核实,获得了三川河流域水保措施的保存面积数据(见表 5-11),各项措施面积变化过程见图 5-3、图 5-4。

表 5-11 三川河流域各年份水土保持措施保存面积 （单位:hm²）

年份	梯田	林地	草地	坝地
1997	34 617	88 689	3 540	4 105
1998	35 877	81 980	3 790	4 325
1999	37 137	75 890	4 130	4 544
2000	38 637	79 090	4 630	4 890
2001	40 137	82 290	4 930	5 280
2002	41 456	84 790	5 330	5 760
2003	42 714	86 290	5 780	6 060
2004	44 278	90 790	6 180	6 570
2005	45 530	97 290	6 690	6 920
2006	46 980	100 490	7 130	7 440

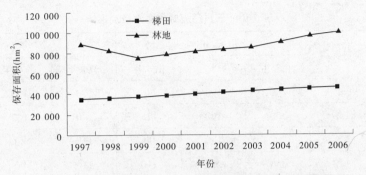

图 5-3　三川河流域各年份林地、梯田保存面积变化过程

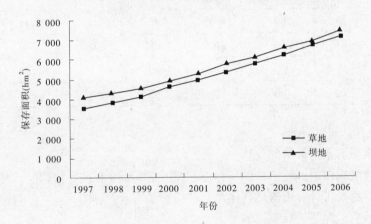

图 5-4　三川河流域各年份坝地、草地保存面积变化过程

（2）各项措施质量等级的确定

按照指标体系应用的要求,计算坡面措施蓄水拦沙效益必须根据相应措施的等级分别进行。为此,对流域各个时期的坡面措施质量进行调查和对比分析,同时对以往研究成果中所列的质量等级资料进行相互比较和合理性分析,认为"八五"重点国家科技攻关项目、水利部第二期黄河水沙变化基金和黄河流域水土保持基金项目研究成果中所列等级相对符合三川河流域的实际情况。参考其数据,并根据各年代间不同措施质量的变化情况,对其中部分措施等级进行插补或修正,最后得到各种坡面措施对应于不同年代所属质量等级的面积比例（见表 5-12）。

表 5-12　各项坡面措施不同质量等级面积所占比例

措施	梯田			造林			种草		
质量等级	一级	二级	三级	一级	二级	三级	一级	二级	三级
所占比例（%）	16	44	40	29	29	42	18	30	52

（3）蓄水拦沙指标的选用

三川河流域属黄土丘陵沟壑区第一副区,对照该副区所划分的两个亚区,属亚区Ⅱ,因此进行蓄水拦沙效益计算时,选用黄土丘陵沟壑区第一副区的亚区Ⅱ蓄水拦沙指标值

（见表5-13）。

表5-13　三川河流域的蓄水拦沙指标

措施	质量等级	蓄水指标（m³/hm²）			拦沙指标（t/hm²）		
		丰水年	平水年	枯水年	丰水年	平水年	枯水年
梯田	一级	280	190	140	170	120	90
	二级	320	160	115	140	100	75
	三级	280	130	90	115	80	60
造林	一级	350	250	110	110	90	50
	二级	330	230	76	96	68	37
	三级	260	160	55	60	45	30
种草	一级	260	210	100	100	80	45
	二级	220	180	65	96	62	36
	三级	160	120	45	55	40	25

（4）蓄水拦沙量的计算

①林草措施蓄水拦沙量的计算

根据该流域梯田、林地、草地的保存面积，按照降水的丰、平、枯情况和措施的质量等级，利用上述指标，可计算出流域各年份林草措施的蓄水拦沙量。

②淤地坝的拦泥量计算

计算拦泥量分为两种情况：若得到的是逐个坝的坝地面积，则按单坝计算公式直接计算拦泥量；或按式（5-33）计算"单坝拦泥指标"，再乘以坝地面积得到拦泥量。若无法得到逐个坝的坝地面积，只有群坝或多坝统计的坝地面积，则可按群坝或多坝的淤积厚度，分别统计各类（大型、中型、小型）坝库群的坝地面积及对应各类坝体的个数，用多坝计算公式按大型、中型、小型各类坝库群分别计算拦泥量；亦可利用式（5-34）计算"多坝拦泥指标"，即多坝单位坝地面积的拦泥量，再乘以坝地面积得到拦泥量。

单坝拦泥指标：

$$K_单 = 4.3f^{0.23} \tag{5-33}$$

多坝拦泥指标：

$$K_多 = 4.0(f/n)^{0.33} \tag{5-34}$$

把单坝和多坝综合起来可写成：

$$拦泥体积 = 拦泥指标 \times 坝地面积$$

由表5-14可以看出，"水保法"计算的三川河流域1997～2006年年均减洪量3 215万 m³，减洪效益为24%；年均减沙量1 855万t，减沙效益为86%。其中，坡面措施（梯、林、草）减洪1 144万 m³，占总减洪量的36%；淤地坝减洪1 810万 m³，占总减洪量的56%。坡面措施减沙636万t，占总减沙量的34%；淤地坝减沙1 267万t，占总减沙量的68%。此外，值得注意的一点是，随着近年来城镇化建设的推进及新农村建设步伐的加快，当地居民的生活水平不断提高,这使得工业、生活用水量迅速增加,三川河流域 1990～1996 年的工业、生活用水量为 425.7 万 m^3,1997～2006 年这一数字已增加至 716.2 万 m^3。

表 5-14　三川河流域各种措施的减洪减沙量

项目		年份										1997～2006
		1997	1998	1999	2000	2001	2002	2003	2004	2005	2006	
减洪 (万 m^3)	梯田	377.3	391.1	404.8	421.1	437.5	451.9	465.6	482.6	496.3	512.1	444.0
	造林	683.3	631.6	584.7	609.3	634.0	653.2	664.8	699.4	749.5	774.2	668.4
	种草	21.6	23.1	25.2	28.2	30.0	32.5	35.2	37.6	40.7	43.4	31.7
	坝地	1 119.9	1 119.9	1 114.8	1 761.3	1 985.3	2 443.4	1 527.1	2 596.1	1 781.6	2 647.0	1 809.6
	小计	2 202.1	2 165.7	2 129.5	2 819.9	3 086.8	3 581.0	2 692.7	3 815.7	3 068.1	3 976.7	2 953.7
	水利措施减洪量											340.1
	人为增洪											−78.5
	减洪量											3 215.3
天然径流量 (万 m^3)		13 763.0	12 842.7	11 542.9	15 419.9	10 146.5	13 270.8	15 057.6	15 794.6	11 281.8	14 731.7	13 385.2
减洪效益(%)												24.0
减沙 (万 t)	梯田	247.2	256.2	265.2	275.9	286.6	296.0	305.0	316.1	325.1	335.4	290.9
	造林	335.5	310.1	287.1	299.2	311.3	320.8	326.4	343.5	368.0	380.2	328.2
	种草	11.3	12.1	13.2	14.8	15.7	17.0	18.4	19.7	21.3	22.7	16.6
	坝地	783.8	783.8	780.2	1 232.6	1 389.4	1 710.0	1 068.8	1 816.9	1 246.9	1 852.5	1 266.5
	小计	1 377.8	1 362.2	1 345.7	1 822.5	2 003.0	2 343.8	1 718.6	2 496.2	1 961.3	2 590.8	1 902.2
	水利措施减沙量											91.7
	人为增沙											−138.4
	减沙量											1 855.5
天然沙量(万 t)		1 464.4	1 737.1	1 487.6	2 902.5	2 010.9	2 493.9	1 880.1	2 740.0	1 969.7	2 916.0	2 160.2
减沙效益(%)												85.9

5.2.2.4　减洪减沙量计算结果对比

由表 5-15 可见,20 世纪 70 年代以前三川河流域水土保持措施总减洪量为 498 万 m^3,减沙量为 184 万 t,减洪减沙效益非常小;70 年代随着水土保持治理的广泛开展,减洪量达 2 231 万 m^3,减洪效益 8.3%,减沙量 832 万 t,减沙效益 31.2%,较之前有较大幅度提高;进入 80 年代,减洪量进一步提高,达到 3 491 万 m^3,减洪效益 15.5%,减沙量更是高达 1 154 万 t,减沙效益 54.5%;90 年代前期,减洪量达到最大,约为 4 062 万 m^3,减洪效益达到 17.6%,减沙量为 1 348 万 t,减沙效益为 24.8%;1997～2006 年,减洪量较 90 年代前期有所下降,为 2 954 万 m^3,但减洪效益较好,为 22.1%,减沙量持续增加,达 1 902

万 t,减沙效益 88.1%。

表 5-15 三川河流域水土保持措施的减洪减沙量对比

项目		年份				
		1959~1969	1970~1979	1980~1989	1990~1996	1997~2006
减洪量 (万 m³)	梯田	123.2	213.3	276.6	460.0	444.0
	造林	37.7	177.1	610.4	1 195.7	668.4
	种草	8.8	7.0	12.0	17.6	31.7
	坝地	327.8	1 834.0	2 592.0	2 389.0	1 809.6
	小计	497.5	2 231.4	3 491.0	4 062.3	2 953.7
天然径流量(万 m³)		34 411.0	26 981.0	22 567.0	23 132.0	13 385.2
减洪效益(%)		1.4	8.3	15.5	17.6	22.1
减沙量 (万 t)	梯田	48.0	67.2	80.8	145.8	290.9
	造林	12.8	118.4	169.6	363.6	328.2
	种草	6.0	5.2	7.5	11.5	16.6
	坝地	116.9	641.1	896.2	826.6	1 266.5
	小计	183.7	831.9	1 154.1	1 347.5	1 902.2
天然沙量(万 t)		4 026.0	2 663.0	2 118.0	5 427.0	2 160.2
减沙效益(%)		4.6	31.2	54.5	24.8	88.1

注:本表 1996 年以前成果摘自冉大川等著《黄河中游河口镇至龙门区间水土保持与水沙变化》表 7-3、表 7-4。

5.3 皇甫川流域水土保持措施的减洪减沙效益

5.3.1 "水文法"减洪减沙效益计算

为了同第二期研究成果相对比,皇甫川流域降雨产流产沙模型采用水利部黄河水沙变化研究基金的模型。

皇甫川流域基准期降雨产流模型:

$$W = 0.025\ 9P_{7d}^{2.484} \qquad (R = 0.94) \tag{5-35}$$

皇甫川流域基准期降雨产沙模型:

$$W_s = 0.062\ 1P_{7d}^{2.174} \qquad (R = 0.94) \tag{5-36}$$

式中　W——年洪水径流量,万 m³;

　　　W_s——年洪水输沙量,万 t;

　　　P_{7d}——年内不连续的最大 7 日降雨量之和,mm。

5.3.2 "水保法"减洪减沙效益计算

水土保持分析法又可以分为以洪算沙法和指标法等。

5.3.2.1 以洪算沙法

以洪算沙法的内容包括减洪指标体系和以洪算沙模型两部分。首先通过代表小区的措施区与对照区的对比分析,建立坡面水土保持措施减洪指标体系,然后采用频率分析法或相关分析法转化为流域坡面水土保持措施减洪指标体系。以洪算沙模型是利用洪水和泥沙的良好相关性,根据减洪量计算减沙量(需进行迭代计算)。本研究采用该方法分析皇甫川流域坡面水土保持措施减洪减沙量。

（1）减洪指标体系的建立

坡面水土保持措施减洪指标体系的建立过程实质上是解决以小区指标推大区指标的问题,亦即消除时段、点面、地区等三方面的差异。基本途径是先解决雨量的代表性问题,其次解决径流的差异性问题。坡面措施减洪指标的基本公式为:

$$\Delta R = \Delta R_m \alpha k_x \tag{5-37}$$

式中 ΔR——减洪指标;

  ΔR_m——某一雨量级下的代表小区减洪指标;

  α——点面修正系数;

  k_x——地区水平修正系数。

皇甫川流域在建立小区坡面水土保持措施减洪指标体系时采用陕西绥德小区和山西离石小区的资料,坡面水土保持措施减洪指标见表5-16。

表 5-16　离石王家沟小区不同洪量频率的坡面措施减洪指标

汛期降雨量（mm）	梯田（无梗）		人工造林		人工牧草		坡耕地减洪量（万 m³/km²）
	减洪量（万 m³/km²）	相对减洪指标(%)	减洪量（万 m³/km²）	相对减洪指标(%)	减洪量（万 m³/km²）	相对减洪指标(%)	
620.3	6.0	59.0	3.0	16.0	1.5	17.6	10.17
563.9	4.1	60.5	2.4	20.0	1.2	20.0	6.78
499.5	2.4	62.5	1.7	27.5	0.8	23.5	3.84
454.0	1.8	70.0	1.4	43.5	0.6	25.0	2.57
421.0	1.3	76.0	1.2	61.0	0.6	30.5	1.71
390.7	1.0	90.0	1.0	75.0	0.5	41.0	1.11
363.0	0.8	99.0	0.8	83.0	0.3	43.0	0.81

通过分析代表小区与皇甫川流域的汛期降雨量统计规律与特性,以汛期降雨量作为联系代表小区与流域的纽带,可以改善或消除不同系列水文周期性的影响及点面的差异。修正的前提是代表小区系列的汛期降雨量和流域系列的汛期降雨量分布参数基本一致。

修正方法可采用雨量对应法,即进行点面雨量及减洪量修正,用汛期降雨量点面修正

系数 α 分别对代表小区系列雨量及措施减洪指标进行修正,相当于重新构造了代表小区减洪量系列,然后用流域某一年的汛期降雨量值乘以 ΔR 值(利用同雨量对应法查得)。修正后的流域减洪指标见表 5-17。

表 5-17　皇甫川流域修正后的减洪指标

年份	流域汛期降雨量（mm）	模比系数	点面修正系数	小区汛期降雨量（mm）	频率（%）	修正后的减洪指标（万 m³/km²）		
						梯田	林地	草地
1997	216.67	0.83	0.611 7	350.86	60	0.42	0.44	0.16
1998	300.71	1.16	0.617 5	486.96	20	1.71	1.04	0.49
1999	194.05	0.75	0.617 5	314.23	70	0.20	0.30	0.09
2000	167.48	0.65	0.617 5	271.22	80	0.08	0.12	0.02
2001	220.79	0.85	0.617 5	357.54	60	0.46	0.47	0.17
2002	269.34	1.04	0.617 5	436.16	30	1.03	0.80	0.37
2003	350.84	1.35	0.617 5	568.13	5	3.07	1.51	0.75
2004	345.70	1.33	0.617 5	559.82	10	2.89	1.45	0.73
2005	240.48	0.93	0.617 5	389.43	50	0.61	0.61	0.30
2006	290.02	1.12	0.617 5	469.65	10	1.16	0.85	0.38

(2)减洪量的计算

坡面措施减洪量计算采用下式:

$$W_l = \sum \Delta W_l \tag{5-38}$$

$$\Delta W_l = \Delta R F \tag{5-39}$$

式中　W_l——坡面水土保持措施减洪量,万 m³;

ΔW_l——坡面水土保持单项措施减洪量,万 m³;

ΔR——坡面水土保持单项措施减洪指标,万 m³/km²;

F——核实的坡面水土保持单项措施面积,km²。

(3)以洪算沙模型

皇甫川流域水土保持坡面措施减沙量根据以洪算沙模型进行计算。

流域洪水泥沙关系是流域降水、地质地貌、植被和人类活动的综合反映。流域基准期(无治理的自然状况)的洪沙关系是流域处于相对原始状况下产洪产沙规律的综合反映。

皇甫川流域的洪水泥沙均集中于汛期且年际变幅较大,其洪沙关系在散点图上多呈幂函数分布,即:

$$W_s = K W^\alpha \tag{5-40}$$

以洪算沙计算模型原型为:

$$W_s' + \Delta W_s = K(W' + \Delta W)^\alpha \tag{5-41}$$

式中　W_s、W——洪水泥沙量和径流量;

W'、W_s'——流域出口站实测洪水径流量、实测洪水输沙量;

ΔW、ΔW_s——流域洪水径流变化量、泥沙变化量,即分别包括水利水保措施减洪减沙量和河道冲淤变化量等;

K、α——系数和指数。

以洪算沙实用计算模型为:

$$(W_s)_n = K[W' + (n-1)\sum \Delta W]^\alpha \qquad (5-42)$$

$$\Delta W_s = (W_s)_n - (W_s)_{n-1} \qquad (5-43)$$

式中　W'——流域实测洪水径流量;

　　$\sum \Delta W$——各种水土保持措施减洪量之和;

　　n——迭代次数;

　　$(W_s)_n$——第 n 次计算的水土保持措施减沙量(中间变量);

　　$(W_s)_{n-1}$——第 $n-1$ 次计算的水土保持措施减沙量(中间变量);

　　ΔW_s——水土保持措施减沙量。

迭代计算误差公式为:

$$\delta = \{[(W_s)_n - (W_s)_{n-1}] - [(W_s)_{n-1} - (W_s)_{n-2}]\}/[(W_s)_n - (W_s)_{n-1}] \times 100\%$$

$$\qquad (5-44)$$

迭代计算精度要求 $\delta \leqslant 2\%$。

由式(5-43)求出的减沙量 ΔW_s 包括淤地坝拦沙量 $\Delta W'_{s坝}$、坡面措施在其拦蓄能力以内的减沙量 $\Delta W'_{s坡}$ 和坡面措施因减洪而减少的沟道侵蚀量 $\Delta W_s'$,即:

$$\Delta W_s = \Delta W'_{s坡} + \Delta W_s' + \Delta W'_{s坝} \qquad (5-45)$$

因此,坡面措施总减沙量 $\Delta W_{s坡}$ 由两部分构成,即:

$$\Delta W_{s坡} = \Delta W'_{s坡} + \Delta W_s' \qquad (5-46)$$

其中

$$\Delta W'_{s坡} = \frac{(\Delta W_{HT} + \Delta W_{HL} + \Delta W_{HC})}{\sum\limits_{i=1}^{n} \Delta W_H} \Delta W_s' \qquad (5-47)$$

式中　$\sum\limits_{i=1}^{n} \Delta W_H$——水土保持措施减洪量;

　　ΔW_{HT}、ΔW_{HL}、ΔW_{HC}——单项坡面措施梯田、林地、草地的减洪量;

　　$\Delta W_s'$——因坡面措施减洪而减少的沟道侵蚀量。

坡面单项措施减沙量根据流域洪沙线性关系按式(5-47)分配确定。

由于 $\Delta W_{s坡} = \Delta W_s - \Delta W_{s坝}$,而 $\Delta W_{s坝}$ 可由淤地坝拦沙量计算公式求出,则:

$$\Delta W_s' = \Delta W_{s坡} - \Delta W'_{s坡} \qquad (5-48)$$

5.3.2.2　指标法

指标法是根据各单项水保措施减水减沙指标和措施数量,分别计算减水减沙量,然后逐项相加,从而计算水保措施减水减沙量的一种方法。

(1)坡面措施减水减沙量

减水减沙量计算公式为:

$$\Delta W = \sum M\eta_i f_i \qquad (5-49)$$

$$\Delta W_s = \sum M_s \eta_{si} f_i \tag{5-50}$$

式中 ΔW、ΔW_s——坡面措施减水(洪)量、减沙量;

M、M_s——天然产水(洪)、产沙模数;

η_i、η_{si}——坡面单项措施相对减水(洪)、减沙指标;

f_i——坡面单项措施面积。

指标法计算水保措施减水减沙量的关键在于减水减沙指标的确定和措施面积的核实。

(2)淤地坝减洪减沙量计算

淤地坝减沙量包括淤地坝的拦泥量、减轻沟蚀量以及由于坝地滞洪及流速减小对淤地坝下游沟道冲刷量的减少量。目前,拦泥量、减轻沟蚀量可以通过一定的方法进行计算,坝地滞洪及流速减小对淤地坝下游沟道冲刷量的减少量还难以计算,因此仅计算前两部分量。

淤地坝总拦泥量分成两部分,第一部分是截至2006年已淤成坝地的拦泥量,采用下式计算,即:

$$W_{sg1} = FM_s(1 - \alpha_1)(1 - \alpha_2) \tag{5-51}$$

式中 W_{sg1}——截至2006年已淤成坝地的拦泥量,万 t;

F——2006年坝地的累积面积,hm^2;

M_s——拦泥指标,即单位坝地面积的拦泥量,万 t/hm^2;

α_1——人工填垫及坝地两岸坍塌所形成的坝地面积占坝地总面积的比例,取 $\alpha_1 = 0.15$;

α_2——推移质系数,取 $\alpha_2 = 0.1$。

对于皇甫川流域来说,淤地坝拦泥指标 M_s 为 8.04 万 t/hm^2。

第二部分是截至2006年未淤成坝地的拦泥量,由于缺乏这部分拦泥量的实测资料,无法直接进行计算,但其在淤地坝总拦泥量中的确占有一定的比例。考虑到黄河中游黄土丘陵沟壑区第一副区淤地坝的拦沙年限一般在13年左右,因而结合历年坝地累积面积的变化趋势,将截至2006年仍在拦洪的淤地坝进行"淤成"预测,以此求出未淤成坝地部分的拦泥量:

$$W_{sg2} = \frac{1}{13}(\sum_{i=1}^{12} f_i - 12F)M_s(1 - \alpha_1)(1 - \alpha_2) \tag{5-52}$$

式中 W_{sg2}——截至2006年未淤成坝地部分的拦泥量,万 t;

f_i——2006年后预测每年淤成的坝地面积,hm^2;

其他符号含义同前。

由此可得淤地坝总拦泥量:

$$W_{sg} = W_{sg1} + W_{sg2} \tag{5-53}$$

式中 W_{sg}——截至2006年淤地坝累积拦泥量,万 t。

各年淤地坝拦泥量的多少除与淤地坝数量(库容)有关外,还与坡面来沙量多少有关。因此,分别按同期坝地增长面积占累积面积的比例和流域年输沙量占总输沙量的比例分配各年拦沙量,取上述两次分配值的平均值作为各年拦泥量。

淤地坝减蚀量一般与沟壑密度、沟道比降及沟谷侵蚀模数等因素有关,其数量包括被坝内泥沙淤积物覆盖的原沟谷侵蚀部分及淤泥面以上沟道侵蚀的减少部分。后一部分的数量较难确定,通常是在计算前一部分的基础上乘以一个扩大系数。减蚀量的计算公式为:

$$\Delta M_{sj} = F_i M_{si} K_1 K_2 \tag{5-54}$$

式中　ΔM_{sj}——某年淤地坝减蚀量,万 t;

　　　F_i——某年所有淤地坝的面积,包括已淤成及正在淤积但尚未淤满部分的水面面积,hm^2;

　　　M_{si}——流域某年的侵蚀模数,t/km^2;

　　　K_1——沟谷侵蚀量与流域平均侵蚀量之比,参照山西省水土保持研究所在离石王家沟流域的多年观测资料,取 $K_1 = 1.75$;

　　　K_2——坝地以上沟谷侵蚀的影响系数。

还有一部分坝地修建在沟道比较平缓、沟床已不再继续下切、沟坡多年来比较稳定、沟谷侵蚀已达到相对稳定的流域内,淤地坝建成后已基本无减蚀作用,在计算减蚀量时应扣除这一部分。但目前对这一部分还没有更好的办法分割,而其又确实存在,因此计算时可假设未淤成坝地的这一部分库容量和对坝地以上沟谷侵蚀的减少量相互抵消,则式(5-54)简化为:

$$\Delta M_{sj} = 1.75 F_i M_{si} \tag{5-55}$$

式中　F_i——计算年坝地面积,hm^2。

由此可以求出淤地坝的减沙总量 $\Delta M_{s总}$ 为:

$$\Delta M_{s总} = \Delta M_{s坝} + \Delta M_{sj} \tag{5-56}$$

淤地坝的减洪量包括两部分,一部分是淤平后作为农地利用的坝地减洪量,另一部分是仍在拦洪期的淤地坝减洪量。淤地坝淤平后已被利用,其减水作用可等同于有埂的水平梯田;仍在拦洪期的淤地坝拦泥和拦洪是同时进行的,拦洪的目的是拦泥。淤泥中所含的水分,有一部分将耗于蒸发,另有一部分又从地下回归河中。据此分析计算这部分减洪量时,不能考虑其减水量,只能计算淤泥中所含的水量。

淤地坝减洪量计算分为两步:

第一步,计算正处于拦洪期的淤地坝拦洪量,计算公式为:

$$\Delta W_1 = K \Delta W_{s坝} \tag{5-57}$$

式中　ΔW_1——淤地坝的拦洪量,万 m^3;

　　　$\Delta W_{s坝}$——淤地坝的拦泥量,万 m^3;

　　　K——流域淤地坝拦洪时的洪沙比。

第二步,计算已淤平坝地的拦洪量:

$$\Delta W_2 = M_洪 F_坝 \eta \tag{5-58}$$

式中　ΔW_2——淤平坝地拦洪量;

　　　$M_洪$——流域天然状况下的产洪模数,$M_洪 = W_洪 / F$,其中 $W_洪$ 为流域天然产洪量,F 为流域面积;

　　　η——减洪系数,按有埂梯田看待,取 $\eta = 1.0$;

$F_坝$——坝地面积；

天然产洪量 $W_洪$ 可根据流域水量平衡原理按下式计算：

$$W_洪 = W_0 + W_措 + M_洪 F_坝 \eta \tag{5-59}$$

式中　W_0——流域出口站实测洪量；

$W_措$——除坝地外的其他水土保持措施总拦洪量。

淤地坝的减洪总量为：

$$\Delta W_总 = \Delta W_1 + \Delta W_2 \tag{5-60}$$

5.3.3　近期水土保持措施减洪减沙效益分析

5.3.3.1　"水文法"减洪减沙效益分析

采用式(5-35)、式(5-36)，对皇甫川流域近期(1997～2006年)水土保持措施的减洪减沙效益进行分析，历年洪水径流量及输沙量计算结果见表5-18。

表5-18　皇甫川流域近期径流量及输沙量计算结果

年份	P_{7d}(mm)	洪量(万 m³)		减洪效益(%)	沙量(万 t)		减沙效益(%)
		实测值	计算值		实测值	计算值	
1997	161.5	5 319	7 911	32.8	1 120	3 922	71.4
1998	177.6	10 001	10 018	0.2	2 904	4 822	39.8
1999	126.4	1 016	4 306	76.4	275	2 303	88.1
2000	105.5	2 770	2 751	-0.7	904	1 556	41.9
2001	185.3	3 458	11 133	68.9	1 345	5 289	74.6
2002	164.5	2 632	8 278	68.2	1 149	4 081	71.8
2003	201.1	10 048	13 645	26.4	2 901	6 320	54.1
2004	177.7	5 077	10 035	49.4	729	4 830	84.9
2005	153.0	953	6 922	86.2	129	3 490	96.3
2006	186.8	6 968	11 361	38.7	2 149	5 384	60.1
1997～2006	163.9	4 828	8 636	44.1	1 361	4 200	67.6

表5-19、表5-20分别给出了不同系列皇甫川流域年均减洪减沙效益计算成果，从表中可以看出：

1997～2006年，皇甫川流域年均总减洪量为9 713万 m³，其中人类活动年均减洪量为3 808万 m³，占总减洪量的39.2%，减洪效益44.1%；降雨影响年均减洪量为5 905万m³，占总减洪量的60.8%。同人类活动相比，降雨对减洪效益的影响占主导地位。

近期(1997～2006年)年均总减沙量为5 078万 t，其中人类活动年均减沙量为2 839万 t，占总减沙量的55.9%，减沙效益67.6%；降雨影响年均减沙量为2 239万 t，占总减沙量的44.1%。人类活动年均减沙效益明显，同降雨影响相差不是很大。

同前期相比，水土保持措施减洪减沙效益逐年提高。减洪效益由20世纪70年代的2.7%、80年代的4.8%、1990～1996年的41.4%增加到近期的44.1%。水土保持措施减沙效益由70年代的2.5%提高到近期的67.6%。

表 5-19 皇甫川流域"水文法"年均减水计算成果

减洪水径流量

时段	实测	计算	总量(1)	总量(2)	人类活动影响			降雨影响(1)		降雨影响(2)	
					计算－实测	效益(%)	占总量(2)(%)	减少量	占总量(%)	减少量	占总量(%)
1969 年前	14 976	14 541									
1970～1979	13 715	14 091	1 261	826	376	2.7	45.5	885	70.2	450	54.5
1980～1989	9 229	9 690	5 747	5 312	461	4.8	8.7	5 286	92.0	4 851	91.3
1990～1996	8 253	14 072	6 723	6 288	5 819	41.4	92.5	904	13.4	469	7.5
1997～2006	4 828	8 636	10 148	9 713	3 808	44.1	39.2	6 340	62.5	5 905	60.8

注:1. "总量(1)"为治理期实测值减去治理期实测值;"总量(2)"为非治理期计算值减去治理期实测值,下同。
2. 水量单位为万 m³。

表 5-20 皇甫川流域"水文法"年均减沙计算成果

减洪沙量

时段	实测	计算	总量(1)	总量(2)	人类活动影响			降雨影响(1)		降雨影响(2)	
					计算－实测	效益(%)	占总量(2)(%)	减少量	占总量(%)	减少量	占总量(%)
1969 年前	6 071	6 439									
1970～1979	6 205	6 361	－134	234	156	2.5	66.7	－290	216.4	78	33.3
1980～1989	4 241	4 553	1 830	2 198	312	6.9	14.2	1 518	83.0	1 886	85.8
1990～1996	2 967	6 289	3 104	3 472	3 322	52.8	95.7	－218	－7.0	150	4.3
1997～2006	1 361	4 200	4 710	5 078	2 839	67.6	55.9	1 871	39.7	2 239	44.1

注:沙量单位为万 t。

5.3.3.2 "水保法"减水减沙效益分析

皇甫川流域近期水土保持措施面积见表 5-21、表 5-22。依据前文介绍的成因分析法（指标法）进行水土保持措施的减水减沙效益计算分析,分析结果见表 5-23 ~ 表 5-25。

表 5-21 皇甫川全流域近期水土保持措施面积

年份	全流域面积(hm²)					
	梯田	坝地	林地	种草	封禁治理	合计
1997	1 748	1 149	67 201	39 215	0	109 313
1998	1 759	1 102	65 346	31 821	0	100 028
1999	2 010	1 126	74 524	34 214	4	111 878
2000	2 138	1 228	82 066	35 509	785	121 726
2001	2 277	1 249	90 301	37 440	1 775	133 042
2002	2 409	1 272	98 952	39 289	2 570	144 492
2003	2 524	1 375	107 052	40 797	3 320	155 068
2004	2 564	1 458	114 605	42 208	4 071	164 906
2005	2 672	1 545	122 716	43 796	7 293	178 022
2006	2 762	1 652	130 770	44 993	10 024	190 201

表 5-22 皇甫川流域控制站内近期水土保持措施面积

年份	控制站内面积(hm²)					
	梯田	坝地	林地	种草	封禁治理	合计
1997	1 586	1 066	66 261	38 852	0	107 765
1998	1 595	1 022	64 389	31 528	0	98 534
1999	1 816	1 043	73 203	33 724	3	109 786
2000	1 933	1 142	80 644	34 963	778	119 460
2001	2 062	1 161	88 741	36 788	1 734	130 486
2002	2 185	1 181	97 192	38 546	2 528	141 632
2003	2 291	1 281	105 100	39 962	32 79	151 913
2004	2 324	1 362	112 572	41 299	4 030	161 587
2005	2 417	1 447	120 602	42 781	7 252	174 499
2006	2 491	1 552	128 587	43 873	9 983	186 486

表 5-23 皇甫川流域水土保持措施减水减沙绝对指标

指标	水平年	梯田	林地	草地	坝地
减水指标 （m³/hm²）	丰水年	489.0	396.0	301.5	489.0
	平水年	295.5	247.5	210.0	295.5
	枯水年	66.0	64.5	61.5	66.0
减沙指标 （t/hm²）	丰水年	88.5	79.5	66.0	150
	平水年	67.5	63.0	57.0	120
	枯水年	31.5	28.5	25.5	60

表 5-24 皇甫川流域"水保法"减洪减沙效益计算成果表

年份	降水量 （mm）	减洪量（万 m³）					减沙量（万 t）				
		梯田	林地	草地	坝地	合计	梯田	林地	草地	坝地	合计
1997	277.2	11.5	433.4	1 182.3	7.6	1 634.8	5.5	191.5	100.0	6.9	303.9
1998	390.8	52.0	1 617.3	668.2	32.6	2 370.1	11.9	411.7	181.4	13.2	618.2
1999	239.5	13.3	480.7	210.4	7.4	711.8	6.3	212.4	87.2	6.8	312.7
2000	202.4	14.1	529.3	218.4	8.1	769.9	6.7	233.9	90.5	7.4	338.5
2001	323.0	15.0	582.4	230.3	8.2	835.9	7.2	257.4	95.5	7.5	367.6
2002	341.3	71.2	2 449.1	825.1	37.6	3 383	16.3	623.4	223.9	15.3	878.9
2003	474.8	123.4	4 239.3	1 230.0	67.2	5 659.9	22.3	851.1	269.3	20.6	1 163.3
2004	368.5	75.8	2 836.5	886.4	43.1	3 841.8	17.3	722.0	240.6	17.5	997.4
2005	285.0	17.6	791.5	269.3	10.2	1 088.6	8.4	349.7	111.7	9.3	479.1
2006	357.5	81.6	3 236.6	944.9	48.8	4 311.9	18.6	823.0	256.5	19.8	1 118.8
1997～2006	373.9*	47.6	1 719.6	666.5	27.1	2 460.8	12.1	467.7	165.7	12.4	657.9

注：表中标 * 为 1954～2006 年多年平均降水量。

表 5-25 皇甫川流域水土保持措施"水保法"年均减沙效益分析

时段	降水量 （mm）	减洪量（万 m³）					减沙量（万 t）				
		梯田	林地	草地	坝地	合计	梯田	林地	草地	坝地	合计
1956～1969	430.0	11.5	159.5	3.8	107.3	282.1	5.4	60.0	3.0	47.1	115.5
1970～1979	372.0	40.9	521.5	12.3	360.9	935.6	21.2	211.0	14.7	189.2	436.1
1980～1989	343.0	38.6	881.7	23.8	1 282.0	2 226.1	19.9	388.0	26.5	580.1	1 014.5
1990～1996	414.2	63.9	1 153.3	40.2	2 121.2	3 378.6	29.2	468.2	38.5	969.8	1 505.7
1997～2006	326.0	47.6	1 719.6	666.5	27.1	2 460.8	12.1	467.7	165.7	12.4	657.9

从表 5-24 和表 5-25 中可以看出,1997～2006 年皇甫川流域水土保持措施年均减洪

量为 2 460.9 万 m^3 ,年均减沙量为 657.9 万 t。林地的减洪减沙作用占较大比重。

5.4　岔巴沟流域水土保持措施的减洪减沙效益

5.4.1　"水文法"减洪减沙效益计算

5.4.1.1　具有物理基础的小流域分布式水文模型

（1）植被截流及蒸散发计算

用 Horton 的入渗理论来描述林冠的截留过程。把降雨中任意时刻的林冠截留量叫作截留强度,以 P_i（mm/h）表示,则有:

$$P_i = P_c + (P_0 - P_c) \cdot e^{-\alpha t}$$

式中　P_c——最终截留强度,mm/h;

　　　P_0——初始截留强度,mm/h;

　　　α——林冠特性系数,即衰减系数。

设降雨强度为 r（mm/h）,林冠郁闭度为 A,则有: $P_0 = Ar$。

蒸散发计算在垂向上分为两层:植被及根系截留层蒸散发、土壤非饱和层蒸散发。植被及根系截留层蒸散发采用式（5-61）计算,土壤非饱和层蒸散发采用式（5-62）计算。

$$E_{ai}(t) = E_{pi}(t)\left\{1 - \left[\frac{SR_i(t)}{SR_{\max_i}}\right]^{\alpha}\right\} \tag{5-61}$$

式中　$E_{ai}(t)$——单元栅格 i 上 t 时段的植被及根系截留层实际蒸散发量;

　　　$S_{pi}(t)$——单元栅格 i 上 t 时段的蒸散发能力,由蒸发站实测资料获得;

　　　$SR_i(t)$——单元栅格 i 上 t 时段的植被及根系截留层缺水量;

　　　$SR_{\max_i}$——单元栅格 i 上的植被及根系截留层最大截流量;

　　　α——植被及根系截留层蒸散发控制指数。

$$E_{bi}(t) = E_{pi}(t)\left\{1 - \left[\frac{S_{uzi}(t)}{S_{uzi}(t) + D_i(t)}\right]^{\beta}\right\} \tag{5-62}$$

式中　$E_{bi}(t)$——单元栅格 i 上 t 时段的非饱和层实际蒸散发量;

　　　$S_{uzi}(t)$——单元栅格 i 上 t 时段的非饱和层蓄水量;

　　　$D_i(t)$——单元栅格 i 上 t 时段的非饱和层缺水量;

　　　β——土壤非饱和层蒸散发控制指数。

（2）分布式水文模型

分布式水文模型,或者称为具有物理基础的分布式水文模型（Physically Distributed Hydrological Model）,是根据物理学原理和流域特性,通过地理信息技术和数值计算技术的应用,推导出相互关联的描述降雨产流、饱和及非饱和带水流运动的数学方程组,通过求解这些方程组得到全流域的产汇流过程。具体来说,即在水平方向上将流域划分成许多单元网格,在垂直方向上将土壤分层,并依据流域产汇流的特性,使用一些物理的、水力学的微分方程（如连续方程与动量方程）求解径流的时空变化,它充分考虑流域下垫面空间分布不均对水文循环的影响。

所谓产流,是指流域中各种径流成分的生成过程。它实质上是水分在下垫面垂向运行中,在各种因素综合作用下的发展过程,也是流域下垫面(地面及包气带)对降雨的再分配过程。对于点而言,只存在两种可能性:一种是当雨强小于土壤下渗能力时,降水全部入渗,不会产流;另一种是当雨强大于下渗能力时,降水按下渗能力下渗,其余的降水则会形成产流。不同的下垫面条件在不同的时期具有不同的下渗能力,也就有不同的产流机制。整个流域的产流机制就是流域中各单元产流模式的总组合。而确定流域产流基本特征的是流域中占主导地位的产流模式。最基本的产流模式有两种:一种是蓄满产流,另一种是超渗产流。

在湿润和半湿润地区,或者在植被覆盖良好的区域,由于下垫面和植物腐质层对降雨的下渗能力影响很大,容易产生蓄满产流;在干旱和半干旱地区,包气带土层厚,通常土壤缺水量很大,经一场降雨的补充不易达到田间持水量,或很难全流域蓄满,降雨产流量主要由雨强超过土壤入渗率的地面径流 RS 组成,地下径流量 RG 很小,这种流域的产流方式即属超渗产流。但是对于一个地区而言,蓄满产流和超渗产流并没有明显的界限,并且在不同的时间、不同的情况下可能会有不同的产流模式交替发生,在进行流域产流模拟时只能考虑占主导地位的产流模式。

岔巴沟流域,由于属于干旱少雨的大陆性气候,地下水位低,包气带缺水量大,一般降雨不可能使包气带蓄满,不会形成地下径流。但由于土壤贫瘠,植被较差,根系不发达,地面下渗能力小,雨强很容易超过地面下渗能力,而形成地面径流。而且从岔巴沟流域出口曹坪站 1960~2000 年实测流量过程资料中摘录多场洪水,从洪水的涨落速度、曲线对称性及洪水历时看,洪水表现出陡落陡涨的特点,曲线基本对称,洪水历时短,与降雨一致,雨停后,径流很快消失。由于洪前洪后退水曲线基本重合,因此产流模拟主要考虑超渗产流。

超渗产流模型可表达为:

$$RS = \begin{cases} 0 & PE \leq F \\ PE - F & PE > F \end{cases} \tag{5-63}$$

式中 RS——时段地面径流量;

      PE——扣除蒸发后的时段降雨量;

      F——时段下渗量。

在干旱地区,一般降雨强度大,历时很短,雨期蒸发量常可忽略不计,则 PE 可由 P 代替。产流计算可简化为:

$$RS = \begin{cases} 0 & P \leq F \\ P - F & P > F \end{cases} \tag{5-64}$$

由式(5-64)知,超渗产流计算的关键是地面下渗率的确定。根据土壤内不饱和流水分垂向运动理论,水流的垂向运动可由一维水动力方程描述,故可以列出土体内部水流的连续方程和运动方程,得出下渗方程式:

$$\frac{\partial}{\partial z}\left(D\frac{\partial \theta}{\partial z}\right) + \frac{\partial K}{\partial z} = \frac{\partial \theta}{\partial t} \tag{5-65}$$

式中 θ——土壤含水率；

K——非饱和土壤水力传导度；

D——土壤的水力扩散度；

z——固定基面以上的高程。

式(5-65)表明，求解该式必须定出实际情况下的 K 及 D，以及起始土壤含水率分布，故需要实测湿土资料，且该式为非线性偏微分方程，求解较难。因此，目前提出的方法都是对下渗方程作某方面的简化，在实际应用中，常用下渗方程来代替，不同形式的下渗关系形成了不同的超渗产流计算方法。

（3）透水面积的产流计算

岔巴沟流域产流方式以超渗产流为主。超渗雨的产流量取决于降雨强度和下渗强度的对比关系。

常用的下渗公式为霍尔顿（Horton）公式和菲利浦（Philip）公式。

霍尔顿公式：

$$f = f_c + (f_0 - f_c)\,\mathrm{e}^{-kt} \tag{5-66}$$

式中 f_0——最大下渗能力；

f_c——稳定下渗能力；

k——下渗系数，是随土质而变的指数；

t——时间。

菲利浦公式：

$$f = \frac{B}{\sqrt{t}} + A \tag{5-67}$$

式中 A、B——待定系数，无具体物理意义。

因为下渗能力又是土壤含水率的函数，而在实际计算中利用土壤含水率求下渗能力更为方便，故将上述下渗公式转化为下渗能力与土壤含水率的函数关系。因为土壤含水率与下渗能力有如下关系：

$$\theta = \int_0^t f \mathrm{d}t \tag{5-68}$$

所以可以与上述式子联解消去时间 t，即将 $f-t$ 转换为 $f-\theta$：

霍尔顿公式：

$$f = f_c + (f_0 - f_c)\,\mathrm{e}^{(f_0 - k\theta - f)/f_c} \tag{5-69}$$

菲利浦公式：

$$f = B^2 + (1 + \sqrt{1 + A\theta/B^2})/\theta + A \tag{5-70}$$

经过计算比较得知该流域用菲利浦公式效果较好，因此采用菲利浦下渗曲线计算。

5.4.1.2 栅格型坡面水动力学运动模型

坡面水流运动可用圣维南方程组来描述。坡面水流连续方程为：

$$\frac{\partial q}{\partial x} + \frac{\partial h}{\partial t} = r_e(t) \tag{5-71}$$

式中 q——单宽流量；

h——坡面流水深;

$r_e(t)$——净雨过程,即产流过程。

坡面水流运动方程为:

$$S_f = S_0 - \frac{\partial h}{\partial x} - \frac{1}{gh}\frac{\partial q}{\partial t} - \frac{1}{gh}\frac{\partial}{\partial x}\left(\frac{q^2}{h}\right) \tag{5-72}$$

式中 S_f——摩阻坡度;

S_0——坡面坡度;

g——重力加速度;

$\frac{\partial h}{\partial x}$——附加比降;

$\frac{1}{gh}\frac{\partial q}{\partial t}$——时间加速度引起的坡降;

$\frac{1}{gh}\frac{\partial}{\partial x}\left(\frac{q^2}{h}\right)$——位移加速度引起的坡降;

$\frac{1}{gh}\frac{\partial q}{\partial t} + \frac{1}{gh}\frac{\partial}{\partial x}\left(\frac{q^2}{h}\right)$——惯性项。

式(5-72)在水力学上称为动力波,要求其完全解是十分困难的,在实际计算中对其进行一些假设和简化,简化办法如下:

令 $\frac{\partial h}{\partial x} = \frac{1}{gh}\frac{\partial q}{\partial t} + \frac{1}{gh}\frac{\partial}{\partial x}\left(\frac{q^2}{h}\right) = 0$,即附加比降与惯性项均不起作用,则式(5-72)变为 $S_0 = S_f$,此时,圣维南方程组描述的是只有平移没有坦化的运动波传播。运动波近似要求 S_0 足够大,才能使附加比降和惯性项足够小而不起作用,也就是说,必须在陡坡情况下,才能符合运动波条件。

扩散波、运动波方程都是可以求解的。黄土地区坡面很陡,使得洪水波的传播速度快,沿程坦化小,具有运动波的传播特征。根据相关文献的研究,圣维南方程组的运动波特别适用于表面粗糙、坡度陡、旁侧来流少的水流运动,几乎所有的坡面流都可以用运动波方程来描述,即:

$$\begin{cases} \dfrac{\partial q}{\partial x} + \dfrac{\partial h}{\partial t} = r_e(t) \\ S_f = S_0 \end{cases} \tag{5-73}$$

用达西定律表示,则:

$$S_f = S_0 = f\frac{q^2}{8gh^2R'} \tag{5-74}$$

式中 f——达西-魏斯巴赫摩阻系数;

R'——水力半径,对于坡面流,$R' = h$。

设坡面上水面坡度为 S,则 $S = f\dfrac{q^2}{8gh^2h}$,考虑到 $q = hv$,代入有 $S = f\dfrac{v^2}{8gh}$,所以有:

$$v^2 = \frac{1}{f}8ghS \tag{5-75}$$

因为 $c = \sqrt{\dfrac{8g}{\lambda}} = \sqrt{\dfrac{8g}{f}}$,故 $c^2 = \dfrac{8g}{f}$,代入式(5-75)有 $v^2 = \dfrac{c^2}{8g}8ghS = c^2hS$,则:

$$v = ch^{\frac{1}{2}}S^{\frac{1}{2}} \tag{5-76}$$

将曼宁公式 $c = \dfrac{1}{n}h^{\frac{1}{6}}$ 代入式(5-76),得:

$$v = \frac{1}{n}h^{\frac{2}{3}}S^{\frac{1}{2}} \tag{5-77}$$

因 $q = hv$,故:

$$q = \frac{1}{n}h^{1+\frac{2}{3}}S^{\frac{1}{2}} \tag{5-78}$$

式中　n ——曼宁糙率系数;

　　S ——水面坡度,在缓变流动中水面坡度近似等于坡面坡度,即 $S = S_0$;

　　v ——流速。

若令 $\sigma = \dfrac{2}{3}$, $\lambda = \dfrac{1}{2}$, $\alpha = 1 + \sigma$, $K_s = \dfrac{1}{n}S_0^\lambda$,则有:

$$v = K_s h^\sigma \tag{5-79}$$

$$q = K_s h^\alpha \tag{5-80}$$

式(5-77)中的连续方程与式(5-79)、式(5-80)中任一式联立均可求出各水文要素。本书联立式(5-77)和式(5-80),解得一阶拟线性坡面流偏微分方程为:

$$\frac{\partial q}{\partial x} + K_s^{-\frac{1}{\alpha}}\frac{1}{\alpha}q^{\frac{1-\alpha}{\alpha}}\frac{\partial q}{\partial t} = r_e(t) \tag{5-81}$$

上式的初始条件和边界条件为:

$$\begin{cases} q(0,t) = 0 & t > 0 & (t \text{ 是时间}) \\ q(x,0) = 0 & 0 \leqslant x \leqslant l_1 + l_2 & (l_1 + l_2 \text{ 是坡面宽}) \\ r_e(t) = 0 & t > T & (T \text{ 是降雨历时}) \\ r_e(t) = R(t) & 0 \leqslant t \leqslant T & (R(t) \text{ 是净雨历时}) \end{cases}$$

据分析,对坡面流使用隐式差分的 Preissmann 格式,效果最好。Preissmann 格式的因变量和导函数的差分形式为:

$$f(x,t) = \frac{\theta}{2}(f_{j+1}^{n+1} + f_j^{n+1}) + \frac{1-\theta}{2}(f_{j+1}^n + f_j^n) \tag{5-82}$$

$$\frac{\partial f}{\partial x} = \theta\frac{f_{j+1}^{n+1} - f_j^{n+1}}{\Delta x} + (1-\theta)\frac{f_{j+1}^n - f_j^n}{\Delta x} \tag{5-83}$$

$$\frac{\partial f}{\partial t} = \frac{f_{j+1}^{n+1} - f_{j+1}^n + f_j^{n+1} - f_j^n}{2\Delta t} \tag{5-84}$$

式中　θ ——权重系数, $0 \leqslant \theta \leqslant 1$,从计算格式稳定性需要出发, θ 宜选用大于 0.5 的值,最好取在 $0.6 \leqslant \theta \leqslant 1$ 。

将式(5-82)~式(5-84)的差分形式用单宽流量表示,则:

$$q(x,t) = \frac{\theta}{2}(q_{j+1}^{n+1} + q_j^{n+1}) + \frac{1-\theta}{2}(q_{j+1}^n + q_j^n) \tag{5-85}$$

$$\frac{\partial q}{\partial x} = \theta \frac{q_{j+1}^{n+1} - q_j^{n+1}}{\Delta x} + (1 - \theta) \frac{q_{j+1}^n - q_j^n}{\Delta x} \tag{5-86}$$

$$\frac{\partial q}{\partial t} = \frac{q_{j+1}^{n+1} - q_{j+1}^n + q_j^{n+1} - q_j^n}{2 \Delta t} \tag{5-87}$$

将式(5-85)~式(5-87)代入式(5-81),则有:

$$\theta \frac{q_{j+1}^{n+1} - q_j^{n+1}}{\Delta x} + (1 - \theta) \frac{q_{j+1}^n - q_j^n}{\Delta x} + K_s^{-\frac{1}{\alpha}} \frac{1}{\alpha} \times \left\{ \frac{\theta}{2} \left[(q_{j+1}^{n+1})^{\frac{1-\alpha}{\alpha}} + (q_j^{n+1})^{\frac{1-\alpha}{\alpha}} \right] + \frac{1-\theta}{2} \left[(q_{j+1}^n)^{\frac{1-\alpha}{\alpha}} + (q_j^n)^{\frac{1-\alpha}{\alpha}} \right] \right\} \times$$

$$\frac{q_{j+1}^{n+1} - q_{j+1}^n + q_j^{n+1} - q_j^n}{2 \Delta t} = r_e(t) \tag{5-88}$$

式(5-88)表示的就是坡面单宽水流差分方程,可以用牛顿迭代法直接解得其中唯一的未知量 q_{j+1}^{n+1},据此,能推求出任意时空不均匀降雨的坡面单宽流量过程。由式(5-79)、式(5-80)可分别求出坡面水泥的流速和水深过程。

5.4.1.3 模型的建立与验证

产流计算拟在次洪模型的基础上,将径流总量区分成超渗地面径流和地面以下径流两部分。地面径流用超渗产流理论来计算,地面以下径流用地下水线性水库验算方法计算。建立的流域产流模型由产流计算和汇流计算两部分组成,模型结构示意图见图5-5。

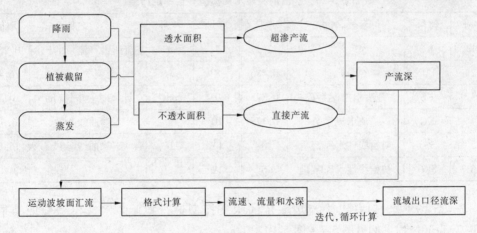

图 5-5 小流域分布式产流数学模型框架

(1)分布式产流模型

该模型包括植被截留子模型、蒸发计算子模型、超渗产流子模型(按照透水面积和不透水面积分别计算)三个主要模型集。

(2)分布式汇流模型

该模型采用运动波理论在全流域建立一维非恒定流的坡面流运动方程,然后采用Preissmann 四点隐式差分进行离散和求解,建立网格的坡面汇流模型。

模型计算流程如图5-6所示。

5.4.1.4 模型参数率定

模型参数依据岔巴沟流域实测水文泥沙资料,用岔巴沟流域1960~1966 年的资料率定。该模型有 11 个参数,数目较多,实用中若同时率定,往往互相干扰,难以率定。因此,

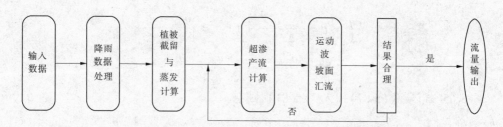

图 5-6 小流域分布式产流数学模型的计算流程

本书将按照具体情况,采用分析与优化相结合的方法率定参数,先依据实测资料并结合参数的物理意义,把一部分参数定下来,然后再依数学方法来优选其他参数,这样使工作量大大减少,且比较合理。

(1)洪水场次挑选。以大水、中水,单峰为原则,从次洪资料 600702、600727、600719、600731、610730、620626、620811、630603、640823、650809、660815、660626 共 12 场洪水中选取 7 场洪水。

(2)模型状态变量初值确定。

(3)产汇流参数率定。采用人工试算法来率定参数,模型率定结果如表 5-26 所示。

表 5-26 岔巴沟流域水文模型参数率定结果

序号	符号	参数名称	取值	序号	符号	参数名称	取值
1	Kv	速度常数	42.17	7	aF	基流所占产流量的比例	0.286
2	TT0	峰形滞时	0.486	8	wt	土壤含水量	76.46
3	KS	地表水出流系数	0.825	9	ddt	计算时段步长(h)	0.2
4	KG	基流出流系数	0.175	10	a	下渗曲线参数	6.56
5	SS0	初始线性水库蓄量	0	11	b	下渗曲线参数	16.56
6	SG0	初始线性水库蓄量	0	12			

选取 5 场洪水,对岔巴沟流域率定的水文模型进行检验。水文模型验证结果见表 5-27,验证过程举例见图 5-7 ~ 图 5-10。

表 5-27 水文模型参数验证结果

编号	洪号	洪量相对误差(%)	洪峰相对误差(%)	峰现时差(h)	确定性系数
1	600702	7.57	3.09	1	0.631
2	600727	26.81	20.86	0	0.905
3	620626	10.67	10.53	0	0.917
4	660815	22.67	21.06	0	0.672
5	660626	16.21	24.35	1	0.457
平均确定性系数					0.717

通过计算验证结果可以看出,计算流量和实测流量过程线比较吻合,模型对峰现时间

的把握比较好,说明该模型计算具有一定的精度,基本认为是合理可行的。另外,由于从DEM 中所提取的水系本身的诸多不确定因素的影响以及人类活动等因素的影响,有些场次的模拟结果有些不好,其具体原因还有待进一步的研究和探讨。

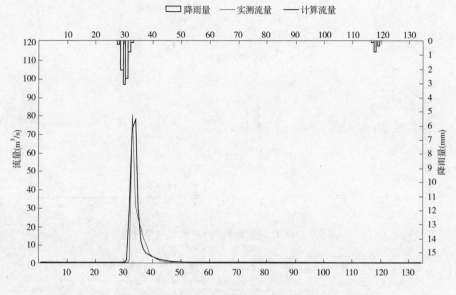

图 5-7　600702 次洪水实测与模拟流量过程

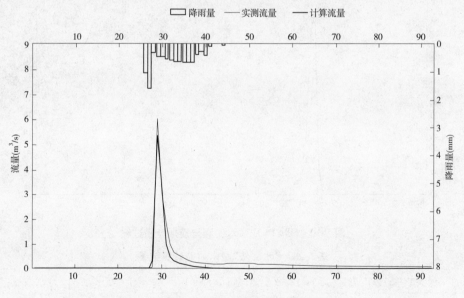

图 5-8　620626 次洪水实测与模拟流量过程

5.4.1.5 "水文法"减沙量的计算

(1)模型计算的产流量结果

分布式水文模型计算结果见表 5-28,产流量、减流量与减水效益等的变化趋势图见图 5-11 ~ 图 5-14,洪水实测与模拟流量过程图(摘录部分模拟场次)见图 5-15 ~ 图 5-26。

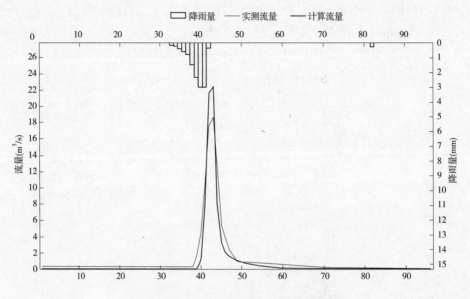

图 5-9　600727 次洪水实测与模拟流量过程

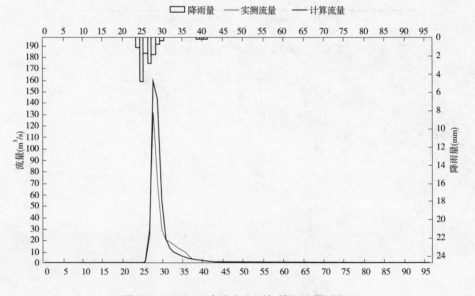

图 5-10　600815 次洪水实测与模拟流量过程

表 5-28　"水文法"减水效益计算结果

年代	产流量（万 m³）	实测流量（万 m³）	减流量（万 m³）	减水效益（%）
1970～1979 平均	623.07	240.73	382.34	61.36
1981～1989 平均	389.39	88.7	300.69	77.22
1990～1999 平均	556.04	314.53	241.51	43.43

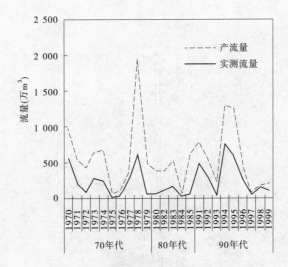

图 5-11　产流量与实测流量对比关系

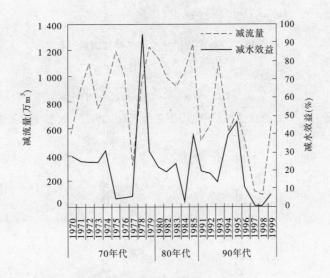

图 5-12　减流量与减水效益对比关系

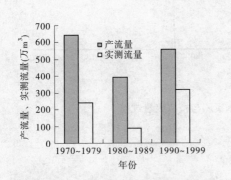

图 5-13　产流量与实测流量对比关系

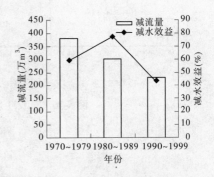

图 5-14　减流量与减水效益对比关系

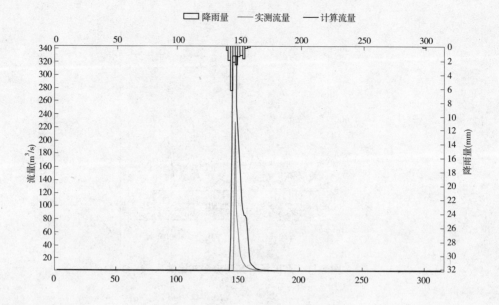

图 5-15   700805 次洪水实测与模拟流量过程

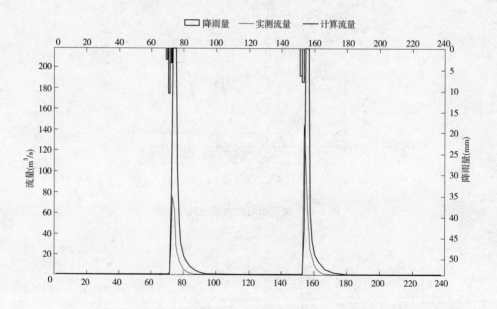

图 5-16   710721 次洪水实测与模拟流量过程

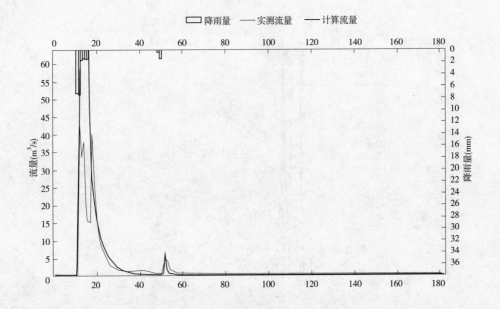

图 5-17　730717 次洪水实测与模拟流量过程

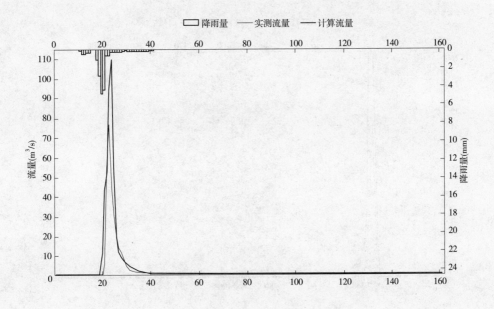

图 5-18　730911 次洪水实测与模拟流量过程

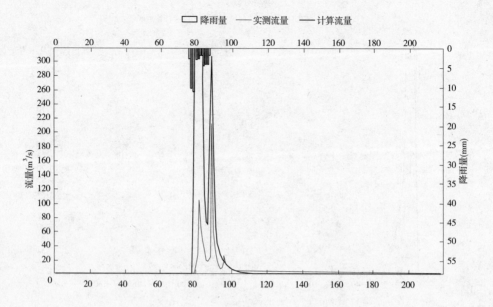

图 5-19 740729 次洪水实测与模拟流量过程

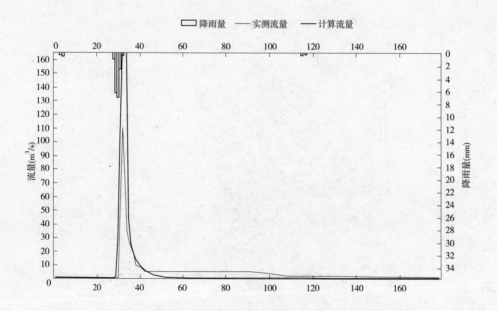

图 5-20 770811 次洪水实测与模拟流量过程

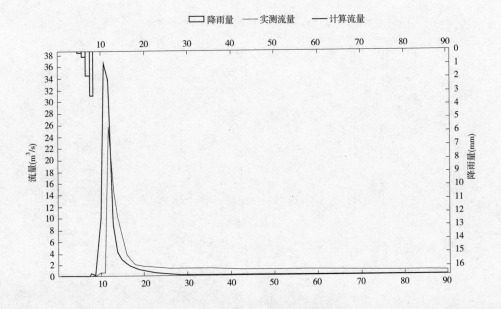

图 5-21　780911 次洪水实测与模拟流量过程

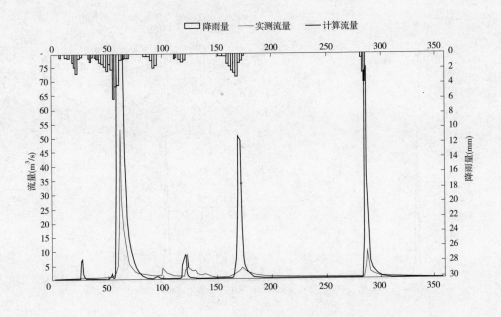

图 5-22　820729 次洪水实测与模拟流量过程

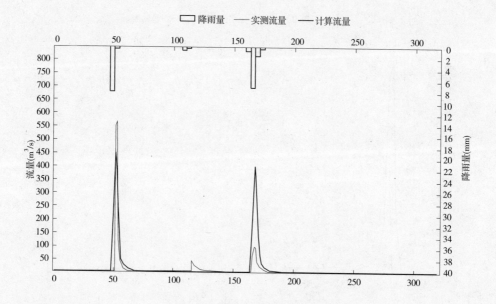

图 5-23 910605 次洪水实测与模拟流量过程

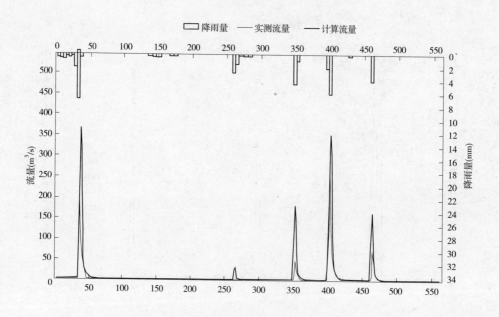

图 5-24 950826 次洪水实测与模拟流量过程

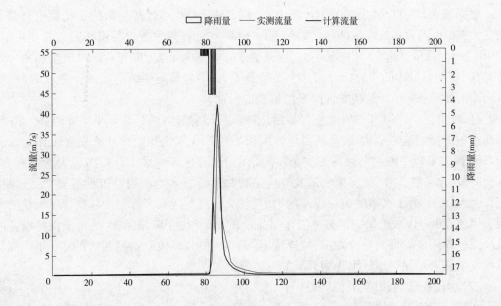

图 5-25 970729 次洪水实测与模拟流量过程

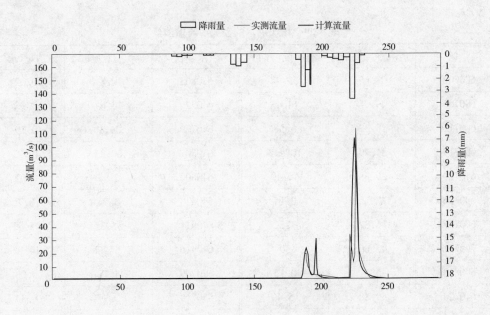

图 5-26 980708 次洪水实测与模拟流量过程

根据表 5-28 可以看出,20 世纪 70 年代、80 年代和 90 年代产流量的变化是由大变小又变大;70 年代后其减流量随年代是呈逐渐下降趋势的,减水效益是由小变大再变小的;80 年代的产流量是这 30 年中最小的,但其减水效益却为最大;90 年代的减流量和减水效益是这 30 年中最小的。分析认为这主要是由于 80 年代黄河中游降雨偏少造成的(根据王云璋的研究,80 年代是河龙区间暴雨偏少的时期)。

自 20 世纪 70 年代以来,水土保持措施减洪量随着时间的延续而呈下降趋势。70 年代初水土保持措施大量实施,分析具体原因如下:在 70 年代初中央北方农业工作会议和 1973 年延安黄河中游水土保持工作会议的推动下,河龙区间水土保持措施大量实施,在这一阶段,水坠法筑坝、机械修梯田及飞机播种林草等技术均取得突破性进展,水土保持工作大大加快,由于水坠法筑坝技术的大力推广,在河龙区间多沙粗沙区兴建了大量淤地坝。因此,70 年代水土保持措施减洪作用强劲;80 年代由于降雨量偏少,水土保持措施的减洪减沙作用未能得到充分发挥,减流量急剧下降,但其减流效益是最大的;90 年代减流量继续下降。水保措施减洪作用衰减的时效性比较明显。

(2)次洪径流输沙模型计算减沙量

在流域未治理的情况下,通过对因子的分选拟合,洪水和泥沙具有良好的相关性,存在 $W_s = KW^\alpha$ 的函数关系。由于径流和输沙的经验回归模型相关性好,避免了模型计算中的烦琐过程,计算精度高,所以本书采用经验回归方程求相应的产沙量。计算结果见表 5-29。

表 5-29　场次洪水的径流量与输沙量

洪水场次	径流量(万 m³)	输沙量(万 t)	洪水场次	径流量(万 m³)	输沙量(万 t)
600702	38.65	25.92	630803	0.8	0.02
600705	29.14	14.43	640720	18.67	3.98
600711	10.37	5.58	640729	1.39	0.19
600719	31.19	108.13	640802	60.27	40.93
610720	59.88	45.49	640809	2.91	0.02
600726	2.52	0.15	640823	3.74	0.7
600727	16.87	7.22	640911	55.35	25.51
600731	45.06	30	640916	22.82	14.93
600818	5.6	0.15	650709	4.72	0.08
610720	59.88	45.49	650719	3.97	0.34
610730	247.88	117.69	650720	1.98	0.02
610813	79.29	27.04	650801	27.04	17.41
610902	5.01	0.2	650803	27.37	12.36
610926	129.43	76.1	650809	8.46	5.16
620626	2.94	1.86	650914	0.98	0.08

洪水场次	径流量(万 m³)	输沙量(万 t)	洪水场次	径流量(万 m³)	输沙量(万 t)
620801	19.14	12.96	660626	56.94	44.85
620811	54.15	41.49	660627	200.08	145.12
630603	43.2	20.86	660717	691.62	526.2
630605	5.2	0.79	660809	42.79	27.59
630615	10.52	2.77	660814	515.78	395.54
630629	3.09	1.23	660815	464.18	362.36
630705	23.97	10.51	660828	195.85	144.98

选择 70 年以前具有代表性的次洪 44 场,利用径流量与输沙量的直线经验模型,得出经验公式为 $y = 0.752\,6x - 3.230\,9$,相关系数为 0.986 5,经验模型回归结果见图 5-27。

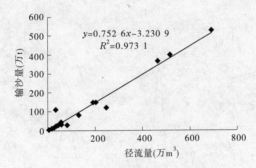

$$y = 0.752\,6x - 3.230\,9$$
$$R^2 = 0.973\,1$$

图 5-27　径流量与输沙量的关系

由径流量和输沙量的回归方程,将水文模型计算出来的场次洪水产流量分别代入该方程,得出场次洪水产沙量,然后按场次计算每年产沙量,计算产沙量结果以及各年代减沙效益见表 5-30。

表 5-30　"水文法"减沙效益计算成果

年代	产沙量(万 t)	实测沙量(万 t)	减沙量(万 t)	减沙效益(%)
1970~1979 平均	471.99	128.11	343.88	72.86
1981~1989 平均	285.95	40.58	245.37	85.81
1990~1999 平均	411.30	150.71	260.59	63.36

从岔巴沟流域各年代水保措施减沙量(见图 5-28 ~ 图 5-31)来看,总的趋势是减小的。该流域淤地坝 85% 左右是 20 世纪 70 年代以前修建的,其减沙的高峰期是 20 世纪 70 年代。现在,这些工程经过几十年的运行,大都已经淤满,老化失修严重,淤地坝的总体质量明显下降,有些甚至失去了继续滞洪拦泥的作用。以往也有很多气象学者研究认为,黄河中游 70 年代以后,气候较 50 年代、60 年代偏旱,暴雨的强度和次数都有所减弱,因此其减沙量也相应减少。

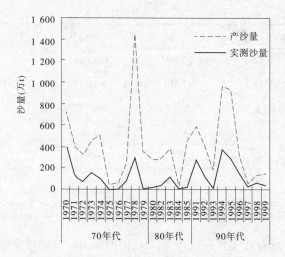

图 5-28　产沙量与实测沙量对比关系

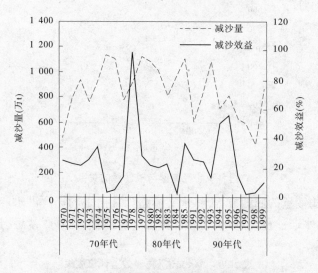

图 5-29　减沙量与减沙效益对比关系

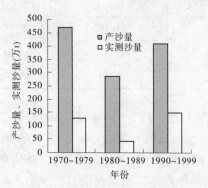

图 5-30　产沙量与实测沙量对比关系

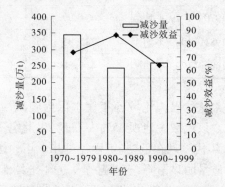

图 5-31　减沙量与减沙效益对比关系

从水保工程减沙量占同年代天然输沙量对比看,20 世纪 70 年代、80 年代和 90 年代分别占 72.86%、85.81% 和 63.36%,总的趋势是先增加后减少,而产流量和产沙量的变化趋势是先减小后增加。导致该结果的主要原因是黄河中游的降雨因素,由于 70 年代多暴雨,80 年代的暴雨偏少,所以对应的产流产沙量也相应地偏大偏少,然而从减沙效益来看,80 年代的减沙效益却为最大,说明水保措施对较小暴雨的减沙效益更为显著。

5.4.2　"水保法"减洪减沙效益计算

5.4.2.1　流域资料收集与调查

2001 年初,黄委水文局对岔巴沟流域淤地坝的淤地面积和淤积量进行了实地测量,结合 1977 年、1978 年汛前和汛后以及 1993 年的四次实测资料,对所有测量资料进行了对比分析和校核(见图 5-32)。同时,调查了解了岔巴沟流域的梯田、造林和种草等坡面措施情况。

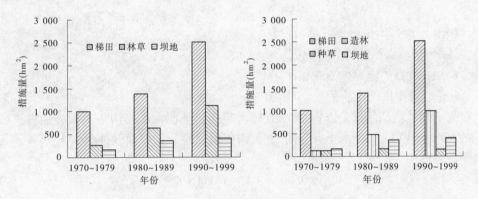

图 5-32　水保措施单项措施量对比关系

从图 5-32 可以看到,四大水保措施中梯田的措施量是居于首位的,林草措施量居中,而水保措施中淤地坝的措施量是最少的。

5.4.2.2　水保单项措施拦沙量计算

以往在计算坡面措施减沙量时,多采用坡面径流小区观测的平均效益指标,其结果往往偏大,分析其原因大概有以下几点:一是径流小区面积小,不能反映径流泥沙在坡面运行变化时的全过程;二是径流小区资料是严格按照质量标准设计的,而大面积措施的设计标准、管理水平都与试验小区存在明显差异;三是径流小区观测资料有限,很难反映各种降雨水平下的产流产沙情况。因此,本次研究考虑了面积差异、质量标准、降雨水平等因素的影响,对坡面措施指标进行一定的修正。

(1)梯田拦沙量计算

梯田的蓄水拦沙作用在小区试验资料和理论上的探讨是成功的,而大面积上的蓄水拦沙作用并不是太理想。因为梯田标准不一样,梯田的耕作措施又千差万别,并且随着时间的推移,梯田自身条件的变化,蓄水拦沙作用也随之变化,因而梯田蓄水拦沙作用的系数是不一样的,具体情况见表 5-31。

表 5-31　无定河流域梯田质量标准及蓄水拦沙系数

级别	指标	蓄水系数	拦沙系数
第一类	符合设计标准,田面宽度在 5 m 以上,田面平整或成反坡,埂坎完好,在设计暴雨下不发生水土流失	0.87	0.9
第二类	田面宽度在 5 m 以下的反坡梯田或水平梯田,大部分已无边埂,但田坎完好,少部分渠弯冲毁,具有一定的蓄水能力,拦沙能力较强	0.67	0.7
第三类	田面宽度在 4 m 以下,田面坡度大于 4°,无地埂,田坎受到破坏,蓄水能力差,但具有一定的拦沙能力	0.62	0.65

黄河中游计算大面积梯田拦沙作用,一般采用陕北小流域坡面措施拦沙量计算方法,公式如下:

$$\Delta W_{sb} = M_{sb} \cdot F \cdot \eta \qquad (5\text{-}89)$$

式中　ΔW_{sb}——梯田措施拦沙量,万 t;

　　　M_{sb}——坡面产沙模数,万 t/(km² · a);

　　　F——坡面措施面积,km²;

　　　η——坡面措施拦沙系数。

根据子洲径流站的试验资料,黄土丘陵沟壑区的坡面面积与沟壑面积分别占流域总面积的 60% 和 40%,实施水土保持措施前,沟壑侵蚀模数比坡面侵蚀模数大 76%。其输沙量平衡方程为:

$$W_s = 0.6 \cdot A \cdot M_{sb} + 0.4 \cdot A \cdot M_{sg} \qquad (5\text{-}90)$$

式中　W_s——流域输沙量,万 t;

　　　A——流域面积,km²;

　　　M_{sb}、M_{sg}——坡面和沟壑产沙模数,万 t/(km² · a)。

由以上可得出如下公式:

$$W_s = 0.6 \times A \times M_{sb} + 0.4 \times A \times 1.76 \times M_{sb} \qquad (5\text{-}91)$$

$$M_{sb} = W_s/(1.304 \times A) \qquad (5\text{-}92)$$

所以:　　　$\Delta W_{sb} = W_s/(1.304 \times A) \cdot F \cdot \eta = 0.767 \cdot W_s \cdot F \cdot \eta/A \qquad (5\text{-}93)$

小区试验的梯田拦沙系数可达 0.9 以上,但推及大面积长时间的作用,坡面拦沙系数不可能达到试验小区的标准,这里取梯田拦沙系数为 0.7。其中,W_s 采用 1959 ~ 1969 年的多年平均输沙量值,$W_s = 407$ 万 t;$A = 187$ km²;F 为梯田面积。

(2)林草措施拦沙量的计算

因为上报数字和实有数字有差距,对林草措施来讲,差距还比较大,所以要对其统计数字进行一定的处理。据林业部门调查,截至 1985 年,黄河流域共造林 520 万 hm²,保存 130 万 hm²,实际有效面积约 67 万 hm²。实有面积与上报面积之所以会出现这么大的差距,其原因也是多方面的。就造林来说,上报的数字多数不是实地丈量数字,而是下拨种苗的折算数字,由于造林成活率低,一般在 50% 以下,统计数字中未成林的面积没有扣除,补植的面积又作为新造面积上报,结果上报面积只增不减,使上报面积远远偏离实际面积。就种草来说,大部分地区是草田轮作,种草几年以后,又开垦种庄稼,同一面积重叠使用,上报数字逐年累计,只增不减,差距就越来越大。

由于上报数字与实际数字不符,所以在进行水保措施减沙量计算之前,必须对上报数字进行调查落实。参考山西水保局抽样调查的成果,2000年以前对计算拦沙作用真正有作用的林草保存率,岔巴沟流域为上报统计值的15%。林草措施减沙量参照式(5-93)计算。其中实有措施面积的确定如前所述。但减沙系数的确定十分困难,因为它是与植被覆盖度等多种因素密切相关的综合参数。据有关文献介绍,小区坡面措施造林拦泥保土率为85%,种草为40%,小区试验推算大面积的折减系数分别是50%和60%,因而大面积造林和种草拦泥保土率分别为42.5%和24%。

(3)水保工程措施淤地坝的减沙量

几十年的实践证明,淤地坝是一项重要的水土保持治沟工程措施,在黄河中游地区具有较长的历史和广泛的群众基础,它不仅可以改善当地的农业生产条件,而且在控制沟谷侵蚀、减少入黄泥沙、调节地表径流、改善生态环境等方面也发挥了重要作用。淤地坝减沙量的计算包括淤地坝的拦泥量以及由于坝地滞洪及流速减小对坝下游沟道侵蚀的减少量,下面计算淤地坝拦泥量。

1976年、1978年、1992年和2001年的淤地坝拦沙量由四次实测资料得出,见表5-32;1976年之前的淤地坝累计淤积量由式(5-94)计算;1979～1999年的累计淤积量由1978年和2000年的实测资料内插求得,然后利用式(5-95)计算各时段的平均拦沙量。

$$V_{淤求年份} = \frac{V_{淤已知年份}}{F_{坝地已知年份}} \times F_{坝地求年份} \tag{5-94}$$

$$\Delta W_{淤} = \frac{V_{淤时段末} - V_{淤时段初}}{n} \tag{5-95}$$

表 5-32 实测淤地面积和淤积量统计

年份	淤地面积（hm²）	累计淤积量（万 m³）	年份	淤地面积（hm²）	累计淤积量（万 m³）
1976	185.88	713.69	1992	346.48	1 668.02
1978	297.49	1 350.23	2001	386.60	2 715.25

5.4.2.3 单项措施拦沙作用及多年平均拦沙量

(1)梯田拦沙作用分析

梯田的拦沙机制主要体现在:坡耕地修成水平梯田以后,改变了原来的小地形,使田面变得平整,缩短了坡长,把连续的坡面变成不连续的平面或反坡面,改变了径流形成条件,增加了土壤入渗能力,在一定程度上阻止土壤冲刷,达到蓄水保土的目的。梯田除能蓄积本身的雨水外,还能拦蓄上部来水,使之在田面蓄积下渗,当梯田发生漫流时,尽管蓄水保土作用降低,但仍能起到多级跌水的作用,将径流能量消耗在田坎上。黄河中游不少地区实测资料表明,梯田可以拦蓄降雨量为100～200 mm的次降雨,而地面不产生径流。

梯田的拦蓄作用还与梯田的断面形状有关,梯田的拦蓄能力与降雨情况密切相关,当降雨较大时,减洪减沙作用降低;发生强度较大的暴雨时,梯田的减洪减沙作用较小。而黄土高原地区汛期多暴雨,所以梯田的拦沙作用受到一定的限制,如图5-33所示,虽然梯田的拦沙量逐年代呈上升趋势,但其拦沙量和拦沙占比都远远小于淤地坝的。因此,在提高梯田防洪标准,以使梯田能够最大限度地发挥其蓄水保土作用的同时,更要重视工程措施淤地坝的建设。

（2）林草拦沙作用分析

林草的拦沙机制主要体现在:通过提高植被覆盖度,有效截留雨水;枯枝落叶层和草皮保护地表土壤不受雨滴溅蚀;增加地表糙率和土壤蓄水能力,降低水流速度,减少流水对土壤的冲蚀。从图5-33可以看出,林草措施的减沙作用相对于其他措施微乎其微,因为岔巴沟流域林草措施非常有限。由"水保法"计算的岔巴沟流域各单项措施多年平均拦沙量见表5-33。

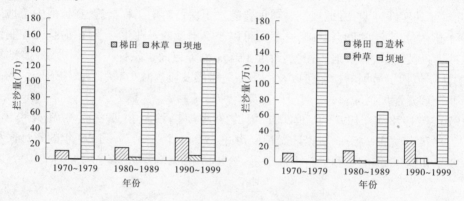

图5-33　水保单项措施拦沙量对比关系

表5-33　岔巴沟流域各单项措施多年平均拦沙量　　　　　（单位:万t）

时段	梯田	造林	种草	坝地	总计
1960～1969	2.12	0.1	0.14	17.28	19.64
1970～1979	11.76	0.91	0.49	169.69	182.85
1980～1989	16.02	3.38	0.63	64.99	85.02
1990～1999	29.34	6.96	0.57	130.48	167.35
1960～2000	15.23	2.96	0.46	88.65	107.30
1970～2000	19.46	3.88	0.56	111.68	135.58

由表5-33和图5-33可知,从各单项措施来看,水土保持工程措施淤地坝拦沙量较大,其次是梯田,林草拦沙效益较小。从各个年代来看,60年代有一定的拦沙量,但由于治理措施少,将其作为未治理的天然状况考虑,70年代和90年代拦沙量较大,80年代拦沙量较70年代、90年代有所偏少。主要原因是80年代降雨量偏少,另外70年代是打坝的高峰期,到80年代,一部分水保工程措施淤地坝已经淤满,病险坝增多,部分淤地坝不能抵挡较大洪水的袭击,水毁现象时有发生。而到90年代,国家又加大对水保措施的投资力度,使一部分坝得到了整治,另外又新增了一部分淤地坝,所以到90年代拦沙量又有所

提高。

　　1970～2000年,岔巴沟流域梯田、造林、种草和坝地减沙量分别占水土保持措施减沙总量的14.35%、2.86%、0.41%、82.37%,其中70年代、80年代、90年代梯田减沙量分别占各年代水土保持措施减沙总量的6.43%、18.84%、17.53%,造林减沙量分别占0.50%、3.98%、4.16%,种草分别占0.27%、0.74%、0.34%。从图5-34和图5-35可以看出,单项坡面措施减沙量及其占比总的趋势为逐年代上升,其中坝地减沙量占比在不同年代均居于首位,但其拦沙量及其占比总的来说呈现下降趋势,梯田减沙量次之,种草最小。自20世纪80年代以来,随着淤地坝配置比例(淤地坝保存面积占四大水土保持措施总体保存面积的百分比)的下降,淤地坝减洪减沙量总体也呈下降趋势,说明该区淤地坝的减洪减沙能力正在降低。

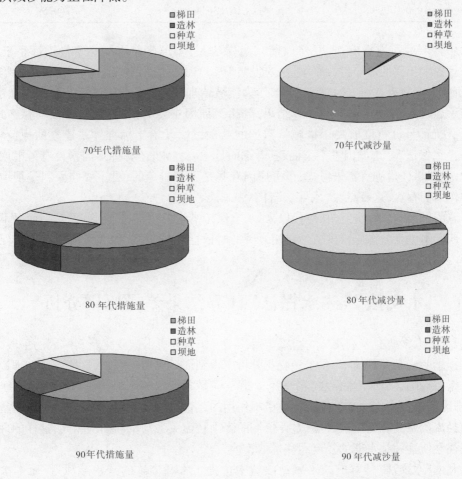

图5-34　各单项措施措施量逐年代变化　　　图5-35　各单项措施减沙量逐年代变化

5.5 "水文法"和"水保法"对比结果分析

"水文法"和"水保法"计算的多年平均拦沙量见表 5-34。

表 5-34 "水文法"和"水保法"计算成果

时段	"水保法"拦沙量(万 t)	"水文法"减沙量(万 t)
1960～1969	19.631	
1970～1979	182.86	343.88
1980～1989	85.03	245.37
1990～1999	167.36	260.59

从表 5-34 可以看出,1970 年以前,"水保法"计算的多年平均拦沙量远远小于 1970 年以后各个年代的多年拦沙平均值,这说明 1970 年以前水保措施等人类活动的影响非常小,所以大多数人在研究时把 1970 年作为流域治理的分界线;1970 年以后,"水文法"计算结果远远大于"水保法"的计算结果,分析其原因主要为:各种计算方法均存在误差,"水保法"的计算精度取决于措施量数据的精确度以及措施标准体系建立的规范程度。另外,"水保法"考虑的因素不全面,其考虑的是主要因素,还有许多因素没有考虑或难以模拟,比如耕作措施等都未考虑;以上原因有些是不可避免的,更主要的原因是坝地间接减蚀作用的存在,这一点在"水保法"计算中未能考虑。

总的来说,自 20 世纪 70 年代以来,水土保持措施减沙量随着时间的延续而呈下降趋势。四大水土保持措施减洪减沙作用衰减的时效性比较明显,加大黄河中游水土保持治理力度和加快治理速度势在必行。

5.6 "水文法"与"水保法"计算结果差异原因分析

目前,大多研究者利用"水文法"、"水保法"作为分析水沙变化及其原因的手段,这些方法概念明确且计算简单,在水沙变化分析中得到广泛应用。但是,这些方法在理论上均有一定的缺陷,例如,"水保法"的理论前提条件是各项水利水保措施的作用具有线性关系,即流域水沙变化的结果等于各类措施作用的线性叠加;再如,"水文法"的理论基础是降雨径流关系具有不变性,也就是评价期的降雨径流关系与基准期的相同,这样的理论假设往往会使连续枯水期的径流泥沙量估算偏大。

利用"水文法"计算的减水减沙效益中包含了水利措施的减水减沙量,而本次利用"水保法"计算的成果中仅计算了梯田、造林、种草和坝地纯水保措施的减水减沙量,对于水利措施减水减沙量、工农业用水以及陡坡开荒、开矿和工程建设人为扰动造成的增沙等,由于资料限制在本次研究中没有进行计算。在今后的工作中有待于进一步收集有关资料,完善对由水利措施、工农业用水以及人为扰动引起的水沙变化研究。

5.7 小 结

(1)水沙评价模型的建立对水土保持效益的确定起着至关重要的作用,目前建立的水沙评价模型多以经验模型为主,存在相对误差,这些误差的存在将直接影响计算结果的精度。以三川河流域为例,该流域在以往的研究中建立起了多个水沙评价模型,但这些模型的模拟效果如何则需要检验。本书以该流域水土保持措施实施前的水文资料为基准,代入水沙评价模型进行检验,计算其误差。从计算结果来看,冉大川所建立的模型对该流域的水沙过程模拟较好、结构简单、参数较易获取、有较高的精度,在今后的研究工作中可以采用。

(2)经"水文法"计算,三川河流域 1997 ~ 2006 年水土保持措施减少洪水 3 477 万 m³,减洪效益 62.7%,减少洪沙 1 482 万 t,减沙效益 83.6%。对比三川河流域历年减洪减沙效益计算结果可以看出,流域减洪减沙效益呈逐年上升的趋势,1997 ~ 2006 年减洪效益较七八十年代增长了 1 倍多,减沙效益也大大高出历年值,流域近期的水保措施取得了不错的减洪减沙效益。

(3)通过"水文法"计算三川河流域减洪减沙效益后发现,三川河流域 20 世纪 70 年代、80 年代及 1997 ~ 2006 年,在年均降雨量相差不多的情况下,实测径流泥沙却相差悬殊,实测洪水径流量 70 年代比 80 年代大许多,且相当于 1997 ~ 2006 年的 2.5 倍,实测洪水输沙量 70 年代比 80 年代大了近 1 倍,相当于 1997 ~ 2006 年的 6.9 倍。究其原因,首先是 1983 年三川河被列为全国水土保持重点治理区,到 1992 年顺利完成了重点治理第一期工程并通过验收,1993 年国家财政部、水利部又批准对该治理区进行二期治理,经过这么多年的治理,使得 80 年代至今该流域的减洪效益显著;其次,通过对流域最大洪峰流量出现次数的分析可知,70 年代峰高量大的洪水发生次数明显多于以后各年代,导致 70 年代产洪产沙明显偏大。80 年代至今比较显著的减沙效益是在比较有利的气候条件下取得的,因而,虽然三川河 20 多年来治理成果显著,但若遇大暴雨年,减沙效益有可能降低。

(4)本章采用的"水保法"计算方法根据三川河流域开展水土保持工作的实际情况,以及收集的措施面积和措施质量等级等方面的数据资料,并在对资料的合理性分析以及对部分资料数据进行修正的基础上,对照该流域所建水土保持蓄水拦沙指标体系,计算了该流域近期的减洪减沙效益。经"水保法"计算 1997 ~ 2006 年三川河流域减洪量为 3 216 万 m³,减洪效益 24%,减沙量为 1 856 万 t,减沙效益 85.9%。通过与历年"水保法"计算结果的对比分析可见,从 20 世纪 70 年代三川河流域实施大规模水土保持措施以来,减洪量不断提高,90 年代前期达到最大,近期减洪量较前期有所减少,但效益呈不断上升趋势。减沙量随着流域治理的不断深化,呈持续上升的趋势,近期达到最大,减沙效果明显,这与水土保持措施的增长幅度基本一致。

(5)皇甫川流域植被建设速度较快,尤其是 1983 年以来,随着该流域被列为全国水土保持重点治理区,在当地群众多年坚持不懈的治理下,流域生态环境得到了明显改善,截止到 2006 年底,流域内林草措施总面积达到 1 724.6 km²,占流域总面积的 53.13%。

（6）随着流域林草措施面积的增加，流域出口断面泥沙量呈现减小的变化特点及趋势，主要是由于林草措施面积的增加，使得流域侵蚀模数减小，总产沙量减小。另外，林草措施面积的增加同时也增大了对泥沙的拦截量，使得进入河道的可输送泥沙减少。林草措施在大暴雨洪水情况下的减沙作用不是很明显。

（7）通过对岔巴沟流域水保资料的收集和调查，利用"水保法"计算各单项措施的拦沙量，由计算结果知，淤地坝在所有措施（梯田、林草和淤地坝）中面积最小，但是拦减泥沙最多，说明淤地坝以较小的配置比例取得了较大的拦沙效益，可见淤地坝在水保措施中起着举足轻重的作用。

（8）根据沙量平衡原理，由"水文法"计算的天然状态下的减沙量减去"水保法"计算的拦沙量，得出淤地坝的间接减蚀量。由计算结果可以看出，坝地的间接减蚀作用是很明显的，从各个年代计算结果的平均值来看，坝地的间接减蚀作用占天然输沙量的 39.76% 左右。由于各次坝地淤积测量人员不一致，方法和精度也不一致，因此数据波动会比较大，但是只要坝不垮，其间接减蚀作用还是长期存在的。

（9）以往在计算坡面措施减沙量时，多采用坡面径流小区观测的平均效益指标，其结果往往偏大，本次通过对岔巴沟流域水保资料的收集和调查，利用"水保法"计算各单项措施的拦沙量时，考虑了面积差异、质量标准、降雨水平等因素的影响，对坡面措施指标进行一定的修正。由计算结果知，淤地坝在所有措施（梯田、林草和淤地坝）中面积最小，但是拦减泥沙最多，说明淤地坝以较小的配置比例取得了较大的拦沙效益，加大黄土高原地区工程措施淤地坝建设势在必行。

第6章 水土保持综合治理对水沙变化的影响研究

6.1 植被建设和生态修复对水沙变化的影响研究

6.1.1 皇甫川流域植被建设及生态修复现状

自20世纪90年代末开始,国家大力推广退耕还林还草工程,加快西部地区生态环境建设,是实施西部大开发的根本和切入点,是根治黄河流域水旱灾害的治本之策。2000年实施的生态修复及淤地坝"亮点"工程措施使得皇甫川流域的植被覆盖情况有了很大的改观。截止到2006年,皇甫川流域林地面积达到130 770 hm^2,草地面积44 993 hm^2,其中封禁治理面积10 024 hm^2,林草面积占流域总面积的54.15%。

皇甫川是直接入黄的多沙粗沙支流,是黄河粗泥沙的主要来源区之一,皇甫川侵蚀模数18 800 t/(km^2·a)。流域常年干旱少雨,植被稀疏,水土流失异常严重。1983年,国家将皇甫川流域列为全国水土保持重点治理区,在当地群众多年坚持不懈的治理下,流域生态环境得到了明显改善。

图6-1~图6-4为2008年9月到皇甫川流域外业调查时得到的治理情况照片。

坝系

坡面治理措施(乔灌草结合)

坡面治理措施(草)

图6-1 十里长川支流昆都仑

皇甫川流域重点治理项目到目前已顺利完成了一、二期工程。经过两期工程的实施,生态环境得到根本改善,水土流失基本得到控制,蓄水保土能力增强,减洪减沙效益显著。

图 6-2　砒砂岩地貌及沙棘治理

纳林川上游乌兰沟坝系　　　　　　　乌兰沟流域坡面治理

乌兰沟流域坡面草被建设　　　　　　乌兰沟流域坡面油松

图 6-3　乌兰沟流域坝地、坡面措施治理情况

地处皇甫川流域北端,被誉为"黄河流域一枝花"的川掌沟小流域,昔日荒凉的岩石沟如今已是一片葱笼。在 200 多 km² 的山坡上种植了油松 8 万亩,沙棘 8 万亩,柠条 5 万亩,果树 5 200 亩,缩河造地 4 600 多亩,植被覆盖率已高达 85%。拦蓄径流总量由治理前的 4.9 万 m³ 提高到现在的 714.42 万 m³,拦蓄泥沙总量由治理前的 21.8 万 t 提高到现在的 232.2 万 t。

西黑岱油松林　　　　　　　　　　川掌沟小流域治理现状

图6-4　西黑岱、川掌沟小流域治理情况

6.1.2　植被建设对水沙变化的影响分析

流域土地利用/覆盖变化是区域生态安全的重要影响因子,同土壤侵蚀强度有着密切的联系。土地利用/覆盖变化改变原有地表植被类型及其覆盖度和微地形,从而影响土壤侵蚀的动力和抗侵蚀阻力系统,成为土壤侵蚀的诱发和强化因素,在区域土壤侵蚀的发展中起到重要作用。随着 RS 和 GIS 技术的发展,利用卫星影像资料分析皇甫川流域水土保持措施数量变化情况是一种有效的研究手段,目前这种方法在土壤侵蚀类型判读方面已经得到广泛的应用。

由于卫星遥感影像资料获取困难,本次研究对于 1987 年、2000 年及 2007 年的卫片解译采用张程等的研究成果。所采用的遥感资料为每年 3 月 25 日、7 月 4 日和 11 月 20 日的 TM 影像,空间分辨率为 30 m。1987～2006 年皇甫川流域土地利用/覆盖变化如表 6-1 所示。

表6-1　1987～2006 年皇甫川流域土地利用/覆盖变化

年份	林地(km^2)	灌丛(km^2)	草地(km^2)	林灌草占比(%)
1987	114.50	837.19	1 152.39	65.04
2000	219.84	1 107.36	875.94	68.10
2007	249.81	1 601.19	791.31	81.68
年均变化率(%)	5.9	4.6	-1.6	1.28

从表6-1 中可以看出,皇甫川流域土地利用/覆盖变化较大:林地、灌丛的面积逐渐增加,近 20 年年均增长率达到 5.9%、4.6%,这与退耕还林政策是密不可分的。这一点也可以从文献[6]中耕地的变化上看出来,1987 年皇甫川流域耕地面积为 192.66 km^2,到 2000 年由于人口增加等因素的影响,耕地面积增加到 358.74 km^2,2000 年后随着国家退耕还林政策的实施,到 2007 年,耕地面积减小到 206.54 km^2。草地的面积也在不断减小,1987 年整个流域草地面积为 1 152.39 km^2,到 21 世纪初减少到 875.94 km^2,2007 年草地面积仅有 791.31 km^2。从林、灌、草面积占流域总面积的比例来看,林灌草覆盖率逐渐增加,由原来的 65.04% 增加到 81.68%。

表 6-2 给出了皇甫川流域 1982～1997 年水土保持林草措施面积,该面积由各县市水土保持措施统计得到。由于林草确定标准的差异,同表 6-1 相比,水土保持实际核查面积与遥感影响解译面积有所差异,但是就林草措施的变化趋势来看是一致的,林、灌、草等植物措施面积占流域总面积的比例逐年增高。

表 6-2 皇甫川流域 1982～1997 年林草建设面积

年份	1982	1983	1984	1985	1986	1987	1988	1989
林地(hm²)	19 587	23 722	35 881	46 490	53 667	63 868	72 543	80 415
草地(hm²)	4 363	6 348	8 518	10 601	15 489	22 319	26 717	23 544
合计(hm²)	23 950	30 070	44 399	57 091	69 156	86 187	99 260	103 959
占流域面积比(%)	7.38	9.26	13.68	17.59	21.30	26.55	30.58	32.03
年份	1990	1991	1992	1993	1994	1995	1996	1997
林地(hm²)	78 383	70 348	71 210	68 751	73 603	77 774	84 280	87 762
草地(hm²)	21 364	27 533	27 928	32 662	35 884	38 603	40 755	43 971
合计(hm²)	99 747	97 881	99 138	101 413	109 487	116 377	125 035	131 733
占流域面积比(%)	30.73	30.15	30.54	31.24	33.73	35.85	38.52	40.58

注:表中林草措施面积数据取自文献[7]。

表 6-3 为皇甫川流域 1997～2006 年林草建设面积,从表中可以看出,林草措施面积逐渐增加。到 2006 年底,林草措施总面积已占流域总面积的 53.13%。

表 6-3 皇甫川流域 1997～2006 年林草建设面积

年份	1997	1998	1999	2000	2001	2002	2003	2004	2005	2006
林地(hm²)	66 261	64 389	73 203	80 644	88 741	97 192	105 100	112 572	120 602	128 587
草地(hm²)	38 852	31 528	33 724	34 963	36 788	38 546	39 962	41 299	42 781	43 873
合计(hm²)	105 113	95 917	106 927	115 607	125 529	135 738	145 062	153 871	163 383	172 460
占流域面积比(%)	32.38	29.55	32.94	35.62	38.67	41.82	44.69	47.40	50.33	53.13

注:表中林草措施面积数据取自"十一五"国家科技支撑计划第一专题"黄河流域水沙情势评价研究"。

从图 6-5 中可以看出,皇甫川流域出口断面泥沙量同林草措施比重之间呈现相反的变化趋势,即随着林草措施面积的增加,流域输沙量减小。分析其原因有二:一是林草措施面积的增加使得流域内的土壤侵蚀模数减小,侵蚀产沙量减少;二是林草措施面积的增加,增大了对流域产沙的拦挡,使得进入河道可输送泥沙量减小。皇甫川流域近期泥沙减少原因特别多,如降雨特别是暴雨较少,坝库工程拦沙,植被建设等。事实上,皇甫川流域大面积林草质量较差,近期疏林、幼林、未成林较多,抵御较大暴雨洪水的能力是有限的。如 1988 年泥沙量达到 12 200 万 t,1989 年泥沙量为 6 424 万 t,1996 年泥沙量为 7 320 万 t,主要是由于暴雨洪水引起的。1988 年和 1989 年洪峰流量分别为 6 790 m³/s 和 11 600 m³/s,为有实测资料以来的第二和第一大洪水,1996 年则出现了 5 110 m³/s 的洪峰流量。这也从另一个方面说明了林草措施减沙作用的有限性,对于一定强度的暴雨洪水来说,林

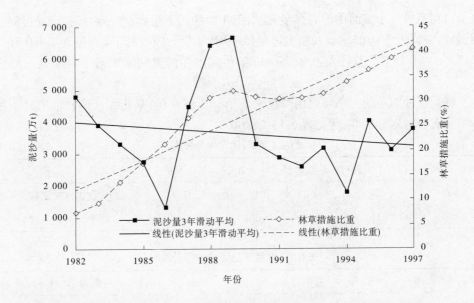

图6-5 皇甫川流域1982～1997年泥沙量(3年滑动平均)与林草措施比重关系

草措施的减沙作用相对而言是较小的。

图6-6中泥沙量与林草措施比重之间的关系同图6-5中反映的关系相一致,即流域输沙量同林草措施面积呈负相关关系。流域输沙量较大的年份也是大洪水年份,如2003年流域输沙量为2 901万t,当年的洪峰流量达到6 700 m³/s。2006年皇甫川发生了洪峰流量为1 830 m³/s的洪水,该年径流量为6 980万m³,输沙量为2 150万t,7月14日和7月27日连续出现1 110 kg/m³和1 130 kg/m³的高含沙水流,调查表明系由开矿、修路等随意向河谷、河道弃土弃渣所致,这也说明了林草植被对控制这类水土流失的脆弱性。

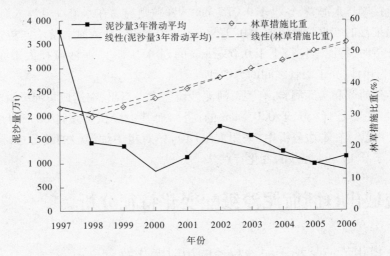

图6-6 皇甫川流域1997～2006年泥沙量(3年滑动平均)与林草措施比重关系

皇甫川流域位于黄河中游右岸最北端,由于特殊的下垫面,产沙粒径在河龙区间组成最粗,悬沙粒径大于 0.05 mm 的粗泥沙多年平均(1954～1999 年)来沙量为 2 880 万 t,占总来沙量的 43.25%。粒径大于 0.05 mm 的粗泥沙在河道的淤积对下游河床演变影响很大。

悬移质泥沙颗粒的大小可以用粒径来表示。所谓粒径,是指泥沙颗粒的直径。关于泥沙粒径有多种划分标准,详见表 6-4～表 6-6。

表 6-4　我国泥沙粒径分类　　　　　　　　（单位:mm）

漂石	卵石	砾石	砂粒	粉砂	黏土	备注
200	20	2	0.05	0.005		我国水文工程分类
250	16	2	0.062	0.004		我国河流泥沙分类

表 6-5　温特沃恩泥沙粒径分类　　　　　　（单位:mm）

漂石	卵石	砾石	最粗砂	粗砂	中砂	细砂	极细砂	粉砂	黏粒
256	64	4	1	0.5	0.25	0.125	0.02	0.004	

表 6-6　水文地质学教材分类　　　　　　　（单位:mm）

漂石	卵石	砾石	砂					粉土		黏土
			极粗砂	粗砂	中砂	细砂	极细砂	粗	细	
200	20	2	1	0.5	0.25	0.1	0.05	0.01	0.005	

在黄河流域的以往研究中,不同学者基于不同的分析角度考虑,对黄河粗细沙的划分略有差异。张红武等认为黄土高原进入黄河下游粒径大于或等于 0.075 mm 的泥沙多难以被水流直接输送入海,粒径小于 0.075 mm 的颗粒则容易在水流中悬浮入海,因此黄河中游划分粗细沙的临界粒径应该为 0.075 mm。田治宗在对黄河下游不同粒径泥沙冲淤特性进行分析时,将泥沙粒径小于 0.025 mm 的划分为细沙,泥沙粒径大于或等于 0.05 mm 的划分为粗沙,介于两者之间的为中沙。

经过多年研究和实际测验,有关黄河泥沙研究成果指出:在造成黄河下游河道淤积的泥沙成分中,主要是直径大于 0.05 mm 的泥沙,而其中淤积量超过 80% 的是直径大于 0.10 mm 的泥沙。在本次分析中,采用文献[10]中对粗中细泥沙的划分标准,同时分析考虑粒径大于 0.10 mm 泥沙的变化特点。

6.2　流域出口断面泥沙级配变化特征分析

6.2.1　皇甫川流域悬移质泥沙粒径的历时变化特点

皇甫川流域出口断面悬移质泥沙级配变化特征可以从悬移质泥沙的年平均粒径及中数粒径的时间变化特点表现出来。图 6-7、图 6-8 分别点绘了皇甫川流域出口断面悬移质泥沙平均粒径及中数粒径随时间的变化。

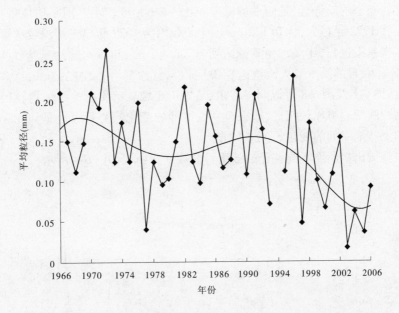

图 6-7　皇甫川流域出口断面泥沙平均粒径变化过程线

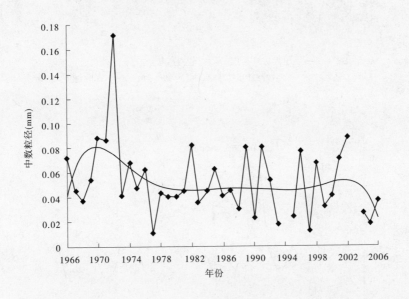

图 6-8　皇甫川流域出口断面泥沙中数粒径变化过程线

　　从图 6-7 中可以看出：皇甫川流域出口断面泥沙平均粒径总体上随时间逐渐细化。另外，从其 6 次拟合趋势线（图中平滑曲线）上可以看出，平均粒径在总体变细的情况下还存在一定的周期性，在经过"粗—细—粗—细"的变化过程后，自 2006 年起又有变粗的趋势。

图 6-8 给出了皇甫川流域出口断面泥沙中数粒径的变化过程线,从图中可以看出,中数粒径也存在减小的趋势,但是同平均粒径相比,减小幅度较小。同平均粒径相对应,中数粒径也是在 1972 年最大,为 0.172 mm。主要是因为 1972 年皇甫川流域暴雨强度大且仅集中于三次暴雨过程,年洪水径流量达到 10 086 万 m³,年洪水输沙量达到 9 116 万 t。其中 7 月 19~20 日的洪水最大流量达 8 400 m³/s,含沙量为 1 210 kg/m³。

总之,从图 6-7 及图 6-8 可以明显看出,皇甫川流域悬移质泥沙的平均粒径及中数粒径随时间而变细的趋势比较明显,那么粗、中、细沙的变化趋势是否也是如此呢? 下面就不同等级的泥沙随时间的变化情况进行分析。

皇甫川流域出口断面不同粒径的沙重百分数变化曲线如图 6-9 所示。

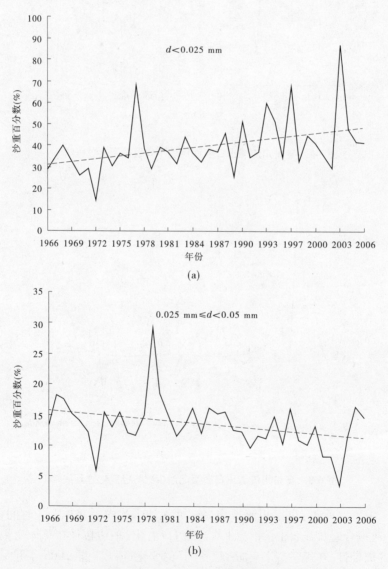

图 6-9 皇甫川流域出口断面不同粒径的沙重百分数变化曲线
(图中虚线为一次拟合趋势线)

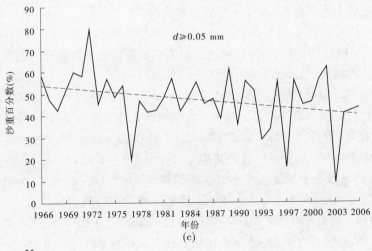

(c)

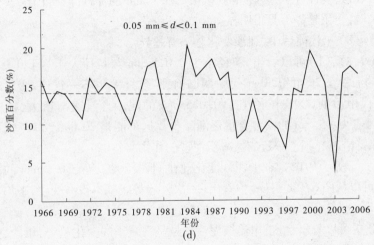

(d)

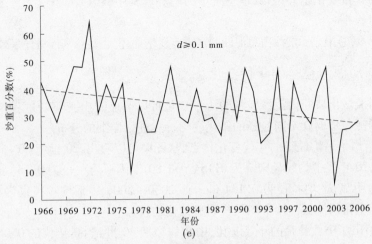

(e)

续图 6-9

从图 6-9 中不难看出：

（1）不同粒径大小的泥沙，其变化趋势是不同的。

对比图 6-9（a）～（e）可以看出，除细沙（$d < 0.025$ mm）沙重百分数随时间而增大外，其他中、粗沙均呈减小的变化趋势，这也再次说明皇甫川流域泥沙细化的现象。

（2）细沙比重增大，粗沙比重减小，但减小的程度不同。

细沙（$d < 0.025$ mm）的一次变化趋势拟合方程为 $y = 0.457\,5x + 30.238$（式中，y 为沙重百分数，x 为时间，以下趋势拟合方程 y、x 含义相同），说明细沙占全沙的比重约以每年 0.46% 的速度增加；粒径大于等于 0.025 mm 而小于 0.05 mm 的泥沙沙重百分数呈减小的趋势，减小速度为每年 0.114\,5%（趋势拟合方程为 $y = -0.114\,5x + 15.779$）；粒径大于等于 0.05 mm 的泥沙占全沙比重减小的幅度明显大于中沙（$0.025 \leqslant d < 0.05$ mm），以每年 0.343% 的速度减小；而大于等于 0.1 mm 的泥沙沙重百分数也呈现减小的变化趋势，减小的幅度达到平均每年 0.328\,3%，略低于粒径大于等于 0.05 mm 的泥沙沙重百分数递减速度。另外，经统计分析，粒径介于 0.05～0.1 mm 的泥沙年际变化大，但从其一次拟合曲线上来看，变化趋势不是很明显。

（3）20 世纪 80 年代前后中、细沙变化趋势有差异。

对比图 6-9（a）、（b）可以看出，粒径小于 0.025 mm 与粒径大于等于 0.025 mm 而小于 0.05 mm 的泥沙在 20 世纪 80 年代中期以前，除数量大小不一致外，变化趋势是一致的。而 80 年代中后期以来，粒径小于 0.025 mm 的泥沙含量逐渐增大，粒径大于等于 0.025 mm 而小于 0.05 mm 的泥沙含量逐渐减少。这可能是 20 世纪 80 年代开始大规模实施的水土保持措施起到了一定的拦减粗泥沙的作用。

（4）粒径大于等于 0.05 mm 的泥沙变化规律同粒径大于等于 0.1 mm 的泥沙变化规律相同，这也可以从图 6-9（c）、（e）中看出（一次性趋势线基本没有变化，平均每年变化率为 -0.014 个百分点）。

从图 6-10 中可以看出，皇甫川流域泥沙总量呈现减小的变化趋势，粗沙、中沙以及细沙同总泥沙的含量变化趋势一致，也呈减小的趋势。其中，粗沙减小速率更为明显，中沙减小速率相对较小。

另外，图 6-9（a）中显示细沙占总泥沙的比重有所增加，但是其总来沙量还是减小的。

6.2.2　悬移质泥沙粒径的年代变化

由皇甫川流域出口断面泥沙粒径的历年变化可以明显看出其演变过程，各个年代的变化特点怎样呢？下面就不同粒径的年代变化特点进行详细的分析。

图 6-11 给出了平均粒径的年代变化特点，从图中可以看出，20 世纪 60 年代平均粒径为 0.155 mm，70 年代平均粒径则降为 0.154 mm，80 年代平均粒径为 0.150 mm，90 年代粒径变细较为明显，平均粒径为 0.134 mm，而 2000～2006 年平均粒径仅为 0.076 mm。这再次证明了皇甫川流域泥沙平均粒径明显细化的特点。

图 6-12 给出了中数粒径的年代变化，中数粒径从 20 世纪 60 年代的 0.052 mm 增加到 20 世纪 90 年代的 0.100 mm，21 世纪以来略有降低，为 0.097 mm。中数粒径变大也说明了泥沙颗粒细化的特点。

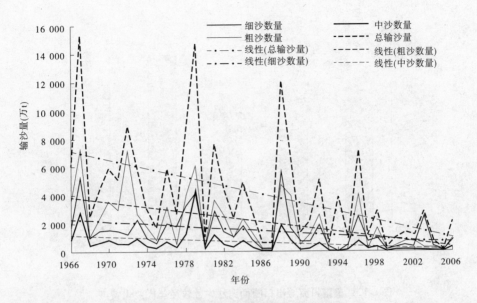

图 6-10　不同粒径泥沙含量变化曲线图

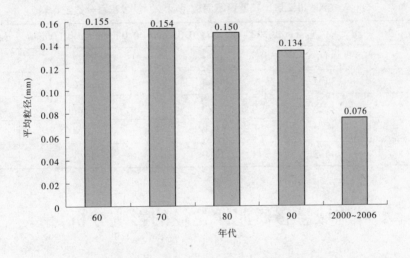

图 6-11　皇甫川流域出口断面泥沙平均粒径年代变化特点

　　表6-7 给出了不同粒径泥沙沙重累积百分数的年代变化特点。粒径小于 0.025 mm 的细沙占全沙的比重在增大,由 20 世纪 60 年代的 34.0% 增大到 2000~2006 年的 46.2%。中沙(粒径大于等于 0.025 mm 而小于 0.05 mm)的比重变化趋势与细沙相反,由 60 年代的 16.1% 减小到 90 年代的 11.9%,到 21 世纪则降低到 10.9%。粗沙(粒径大于等于 0.1 mm)占全沙的比重也呈减小的趋势,2000~2006 年与 20 世纪 60 年代相比,约减少了 7.9 个百分点。

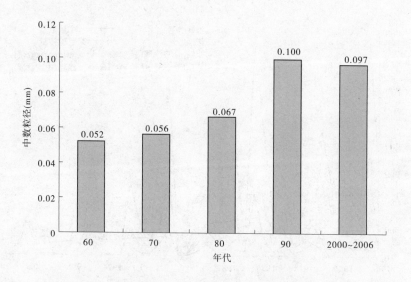

图6-12　皇甫川流域出口断面泥沙中数粒径年代变化特点

表6-7　皇甫川流域出口断面不同粒径泥沙沙重累积百分数统计表 （％）

年代	$d < 0.025$ mm	0.025 mm $\leq d < 0.05$ mm	0.05 mm $\leq d < 0.1$ mm	$d \geq 0.1$ mm
60	34.0	16.1	14.3	35.7
70	34.4	14.4	13.6	37.6
80	36.8	14.6	15.7	32.9
90	45.9	11.9	10.4	31.8
2000 ~ 2006	46.2	10.9	15.1	27.8

6.3　降水对流域悬移质泥沙粒径的影响分析

6.3.1　年降雨量同泥沙粒径关系分析

降雨是引起土壤侵蚀的一个重要因素。侵蚀量的大小同降雨量及降雨强度有着直接的联系,其同产沙粒径的关系分析目前尚未见成果。

图6-13、图6-14给出了年降雨量与平均粒径及中数粒径之间的关系,从图中可以看出,无论是平均粒径还是中数粒径,与年降雨量之间的相关关系都不是很明显。

就历年降雨量与出口断面泥沙平均粒径的关系(见图6-15)可以看出,不同时段两者之间的变化趋势是不一致的:

(1)1966~1975年,流域出口断面悬移质泥沙平均粒径与年降雨量之间呈相反的变化趋势;

(2)1976~1983年,流域出口断面悬移质泥沙平均粒径的变化趋势与降雨量变化趋

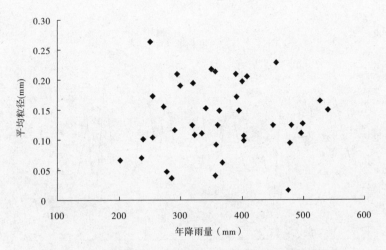

图 6-13 皇甫川流域出口断面泥沙平均粒径与年降雨量关系

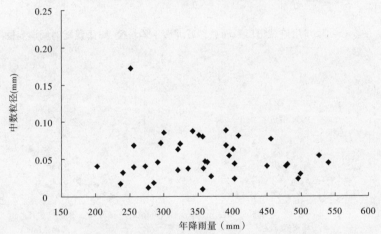

图 6-14 皇甫川流域出口断面泥沙中数粒径与年降雨量关系

势基本一致;

(3)1984～1993 年,流域出口断面悬移质泥沙平均粒径的变化趋势与年平均降雨量的变化趋势相反;

(4)1994～2002 年,流域出口断面悬移质泥沙平均粒径与年降雨量变化趋势基本一致;

(5)2003～2005 年,流域出口断面悬移质泥沙平均粒径的变化趋势与年平均降雨量的变化趋势相反;

(6)2005 年以来,两者的变化趋势保持一致。

本次研究分别就总泥沙量、细沙($d \leqslant 0.025$ mm)量、中沙(0.025 mm $< d < 0.05$ mm)量和粗沙($d \geqslant 0.05$ mm)量与流域平均年降雨量之间的关系进行了相关分析,结果见图 6-16。从图中可以看出,不同粒径的泥沙量与年降雨量之间的关系总体上呈现出幂函数关系。

从流域年平均降雨量与出口断面悬移质泥沙平均粒径的统计关系上看,不同粒径泥沙量同年降雨量之间的相关关系不是很明显,而且在不同的时段,两者的变化趋势是不同的。究其真正的变化原因,需进一步分析次暴雨或产沙降雨的产沙机制。

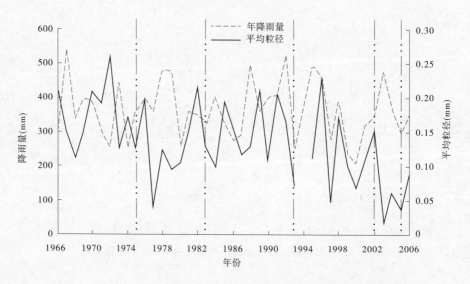

图 6-15　皇甫川流域出口断面悬移质泥沙平均粒径、降雨量随时间演变图

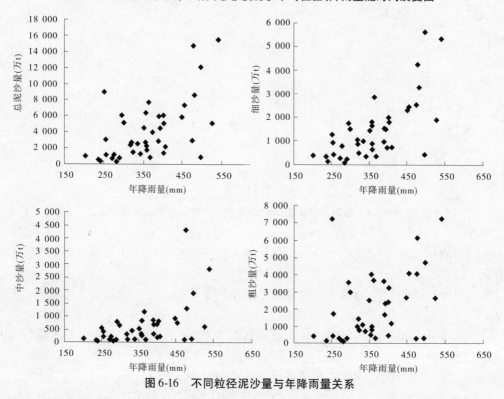

图 6-16　不同粒径泥沙量与年降雨量关系

6.3.2　次暴雨对皇甫川流域泥沙粒径影响分析

6.3.2.1　皇甫川流域暴雨变化特征

　　皇甫川流域位于中纬度内陆地区,具有大陆性季风气候特点。皇甫川流域降雨较少,且主要集中在夏季。夏季西风带和副热带系统经常相互作用,出现局部的短时强降雨过程。

皇甫川流域暴雨季节性强,时间集中,历时短,强度大。皇甫川的暴雨多以强辐合降水为主,局地性强、影响范围小、时空分布不均。根据资料统计,降雨历时一般为 6～26 h,平均 16 h,一次暴雨过程中,高强度降雨常集中在几十分钟之内,最大雨强为 65 mm/h。如 1989 年 7 月 21 日,皇甫川乌兰沟、纳林站和德胜西站最大 1 h 降雨量分别为 65 mm、56 mm 和 46 mm,其暴雨时间之集中、强度之大,均属罕见。暴雨中心多在皇甫川流域的西北部,即皇甫川干流沙圪堵以上区域,也是洪水的主要来源区,见表6-8。

表 6-8　皇甫川流域暴雨洪水特征值统计

年份	面平均雨量		最大雨强		洪峰	
	起讫时间 (月,日,时:分～日,时:分)	雨量 (mm)	雨强 (mm/h)	站名	出现时间 (月,日,时)	流量 (m^3/s)
1989	7,21,1:00～21,15:00	75.0	65	乌兰沟	7,21,10.4	11 600
1989	7,21,23:00～22,9:00	21.0	30	田圪坦	7,22,6.0	1 890
1989	7,22,13:30～22,22:30	29.5	51	乌兰沟	7,22,22.7	3 520
1991	6,10,3:00～10,8:00	40.8	30	乌拉素	6,10,9.3	1 420
1992	7,25,3:30～25,6:45	13.4	53	皇甫	7,25,20.4	1 010
1994	7,7,0:00～7,13:00	50.6	48	长滩	7,7,2.8	575
1994	8,3,22:15～4,23:00	58.2	27	海子塔	8,4,5.0	1 320
1995	7,28,17:00～29,11:00	45.5	20	皇甫	7,29,3.9	455
1995	8,5,0:00～5,7:30	16.3	25	乌拉素	8,5,6.8	710
1996	7,12,17:00～12,23:00	11.4	50	长滩	7,12,22.5	1 370
1996	7,14,3:00～14,12:00	20.1	23	准旗	7,14,13.6	3 760
1996	8,9,1:00～9,21:00	41.9	33	乌拉素	8,9,11.2	5 110

表 6-9 是 20 世纪 50 年代至 2005 年皇甫川流域主要雨量站日暴雨(>50 mm)频次和两极变化。可以看出,从 50 年代至 21 世纪初,3 站暴雨频次在 70 年代稍多一些,总体无明显趋势性变化;暴雨量级变化亦不大,2001～2005 年暴雨平均值虽略有增加,但因资料年限所限,不能确定最近 10 年暴雨量级明显增加。

表 6-9　皇甫川流域暴雨频次和两极变化

项目		50 年代	60 年代	70 年代	80 年代	90 年代	2001～2005
海子塔	次数	0	4	9	5	5	3
(1954～2005)	平均值(mm)	—	54.9	60.5	51.1	53.2	74.3
皇甫	次数	—	—	6	2	5	3
(1971～2005)	平均值(mm)	—	—	76.283 33	61.3	81.26	100.2
沙圪堵	次数	8	5	7	5	4	5
(1954～2005)	平均值(mm)	69.1	66.9	64.6	63.4	62.4	67.1

6.3.2.2　次暴雨对流域泥沙的影响

对皇甫川流域 119 次暴雨过程所产生的洪水量以及相应的输沙量进行统计分析,结果见图 6-17。从图上可以看出,次暴雨产洪量同泥沙量之间有着很好的相关关系,次暴雨产洪量越大,对应的泥沙量也就越大。这说明了皇甫川流域泥沙的产生主要集中于暴雨期。

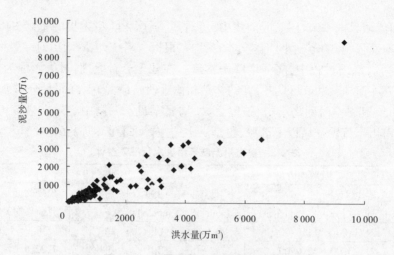

图6-17　次暴雨洪水量与泥沙量关系

6.4　径流量与不同粒径输沙量关系分析

皇甫川流域产沙量与径流量之间的关系分析见图6-18,从图中不难看出,不同粒径的泥沙量与径流量之间的线性相关关系比较好,来水量大时,产生或输送的泥沙数量也相应较大。

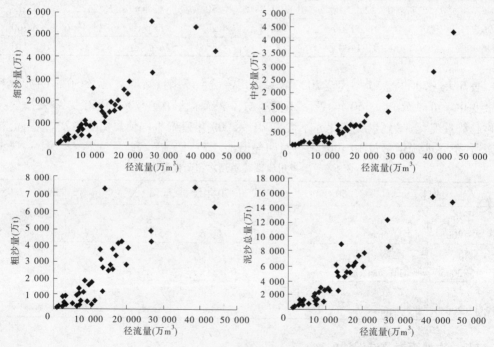

图6-18　皇甫川流域径流量与不同粒径泥沙量关系

6.5 林草建设对流域悬移质泥沙粒径的影响

通过前面有关林草措施对皇甫川流域减水减沙效益的影响分析可知,林草建设对减少流域水土流失起到了积极的作用。图6-19~图6-22给出了不同时期皇甫川流域林草建设与不同粒径泥沙量的关系。

图6-19为1982~1997年林地面积与细沙、中沙、粗沙以及总泥沙量之间的关系图。其中,林地面积取自二期水沙基金。从图中不难看出,随着林地面积的增加,流域出口断面总的泥沙量在减少;与细沙、中沙以及粗沙的相关关系也是一致的。这说明随着林地面积的增加,流域内侵蚀模数变小,总的侵蚀量变小,同时由于林地对泥沙的拦挡作用(林地的减沙作用),总的来看使得流域出口断面泥沙量减小。

图6-20给出的是近期(1997~2006年)林地面积和流域出口断面泥沙量之间的关系图。同图6-19中的关系一样,随着林地面积的增加,流域出口断面泥沙量减小。林地对细沙、中沙和粗沙的影响效益是一致的。

从1982~1997年历年草地面积与泥沙量之间的关系图(见图6-21)上可以看出,草地面积与粗、中、细泥沙量的变化呈负相关。草地面积增加,相应的泥沙量减少。近期也表现出同样的变化特点(见图6-22)。

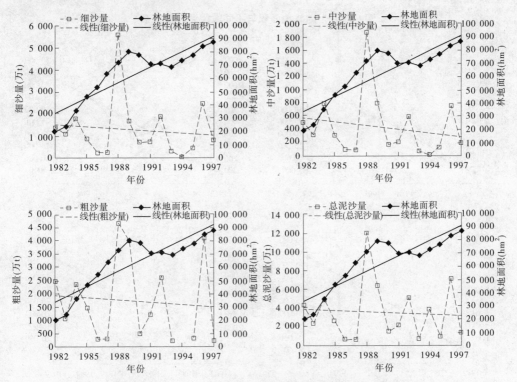

图6-19 1982~1997年林地面积与不同粒径泥沙量关系

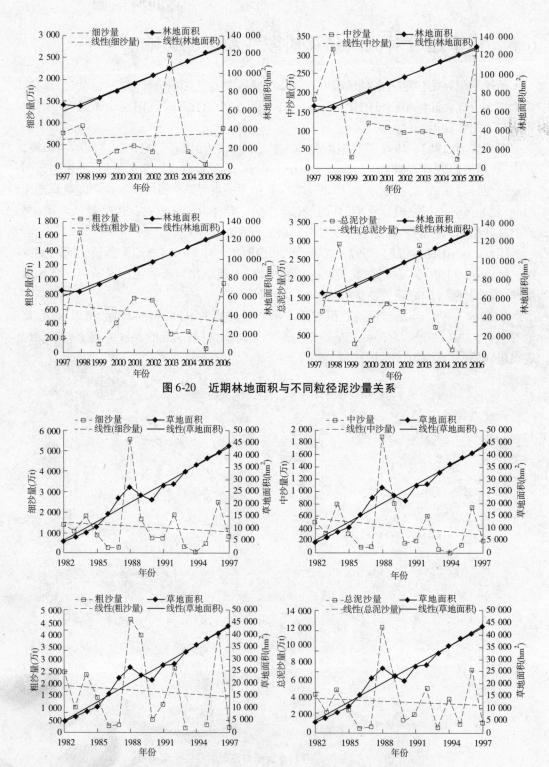

图 6-20 近期林地面积与不同粒径泥沙量关系

图 6-21 1982~1997 年草地面积与不同粒径泥沙量关系

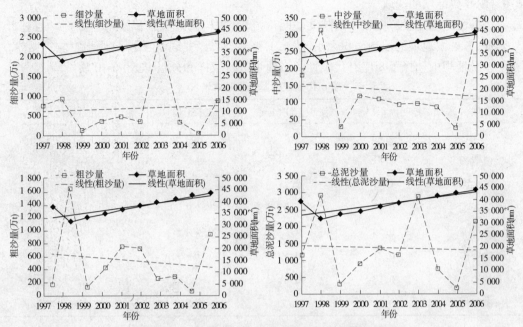

图 6-22   近期草地面积与不同粒径泥沙量关系

6.6   淤地坝对泥沙颗粒级配影响研究

淤地坝具有巨大的拦蓄泥沙的能力,特别是具有拦减粗沙的能力,同时,根据淤地坝对水流条件的改变和泥沙运动力学理论,淤地坝对拦蓄泥沙粒径的空间变化和进入下游河道的粒径组成应具有一定的影响。因此,尽快开展淤地坝淤粗排细作用的研究,使淤地坝在使用年限内更好地发挥其效益,对于黄土高原地区和黄河下游治理以及延长淤地坝使用年限都具有重要意义。下面以韭园沟流域为研究对象,根据坝地淤积物钻探取样资料,对淤积物粒径空间变化规律进行了初步分析。

6.6.1   小流域坝地淤积物取样

6.6.1.1   研究区域

韭园沟流域位于陕西省绥德县城北约 5 km,是无定河中游左岸的一条支沟,流域面积 70.7 km²,主沟长 18 km,平均比降 1.2%,沟壑密度 5.34 km/km²,海拔为 820~1 180 m。流域降雨年际变化大,年内分布不均,汛期(6~9 月)降雨占年降雨量的 71.6%,且多以暴雨形式出现。流域地处水土流失严重的陕北黄土高原,属典型的黄土丘陵沟壑地貌,土壤质地疏松均匀,孔隙大、易冲刷,侵蚀严重,侵蚀方式以水蚀为主,治理前多年平均侵蚀模数为 1.8 万 $t/(km^2 \cdot a)$。从 1953 年开始在主沟修建淤地坝,据调查,截至 1997 年共建坝(库)263 座,布坝密度为 3.72 座/km²。总库容 2 947.51 万 m³,拦泥库容 2 200.7 万 m³,可淤地 312.04 hm²,已淤 282 hm²,每公顷坝地拦泥 7.12 万 m³。

6.6.1.2　典型坝的选取

选择淤地坝建设历史较早的陕北韭园沟流域,进行淤地坝淤积物采样分析。通过野外调查,考虑淤地坝的控制面积大小、放水工程类型以及是否受上游淤地坝影响等因素,在众多淤地坝中选择了8座有代表性的淤地坝进行取样和分析,如表6-10所示。

表6-10　取样淤地坝基本情况

淤地坝名称	控制面积(km^2)	淤积面积(hm^2)	放水工程	是否受上游淤地坝影响
范山	2.16	5.89	竖井	否
西堰沟	1.81	2.43	卧管	是
关地沟	1.11	2.71	竖井	是
马张嘴	0.99	3.05	竖井	否
死地嘴	0.59	2.82	竖井	否
埝堰沟	0.21	0.59	无	否
黄柏沟2号	0.17	0.61	竖井	否
碳阳沟	0.32	0.7	缺口	否

6.6.1.3　取样点的布置

考虑到沿淤地坝纵轴方向自上而下颗粒级配的差异,取样点尽可能在淤地坝淤积面的上中下游均匀布置。每座淤地坝一般布置取样点3个以上。上述8座淤地坝共布置取样点29个。现选择两张图说明取样点布置,如图6-23所示。

图6-23　淤地坝淤积物取样点空间变化图

6.6.1.4　取样方法

黄土高原地区的淤地坝大都经过长时间的淤积,其淤积厚度都是相当大的,韭园沟流域淤地坝建设较早,坝地利用也比较充分,因此在淤地坝中取样一定要排除人为因素对沉积地层扰动的影响。淤地坝泥沙沉积分层受洪水的影响,往往一次洪水就可以形成一个沉积旋回,为此,在取样时,采用挖探坑的方法,探坑的深度为1~2 m,以便更加清楚地分清层和层之间的界线，当从探坑中看到明显的分层时，再进行取样。

在目前技术条件下，场次洪水与淤地坝沉积旋回的对照分析还比较困难。考虑到相对于大型水库或者湖泊，淤地坝泥沙来源环境相对简单，假定暴雨强度或者洪量相近的洪水在淤地坝中所形成的沉积旋回相似，在取样时，选择在探坑剖面中比较明显或者较大的沉积旋回，分别在黏土层和粉沙层中进行采样，每个探坑一般采样2个，并量测分层的厚度。

6.6.1.5 样品颗粒级配分析

为探索淤积剖面不同淤积层的粒径分布特征及其规律，本研究取样观测了剖面淤积物的颗粒级配变化。

土样颗粒级配分析试验由黄委基本建设工程质量检测中心土工实验室根据《土工试验方法标准》(GB/T 50123—1999)和《土工试验规程》(SL 237—1999)进行。

6.6.2 结果分析

6.6.2.1 垂直剖面上淤积物粒径分析

在垂直剖面上淤积物粗细相间分布，具有一定层理。从探坑的垂直剖面上可以看出，淤地坝淤积物表现为颗粒较粗的粉土层与颗粒较细的黏土层相间分布，具有一定的沉积层理。特别是在控制面积较大或者排水不畅的淤地坝前，厚薄不一的粉土层与黏土层相间分布更加明显。

6.6.2.2 淤积物粒径水平方向变化分析

淤地坝淤积物的颗粒级配在水平方向上存在明显的差异，表现为上游较下游粗，向坝前(下游)粗沙明显减少。在野外肉眼可看出，淤地坝上游一般淤积物以粉土为主，在淤积物垂直剖面上很少见黏土层；向下游逐渐见黏土层，而且向下游方向黏土层增厚，至淤地坝前，粉土层与厚薄不一的黏土层相间分布更加明显。

黄柏沟2号淤地坝为小型淤地坝，控制面积0.17 km²，淤地面积0.61 hm²，现已淤满，淤积面距离坝顶高1.5 m，有竖井排水。根据其控制面积和排水口的大小估算，一般洪水在淤地坝中只有短时间停留或者立即排出，坝前探坑未见黏土层。在其表层，见最近一次洪水形成的淤积层，厚度5~10 cm，取样分析结果见表6-11。

表6-11 黄柏沟2号淤地坝同次洪水淤积泥沙粒径分析结果　　(%)

样点编号	<0.001 mm	0.001~0.025 mm	0.025~0.05 mm	≥0.05 mm	备注
14-0	17.7	14.9	27.2	40.2	
15-0	26	21	27.6	25.4	从上游到
16-0	19.2	20.2	39.2	21.4	下游编号
17-0	19.8	16.2	46	18	

从表6-11和图6-24可以看出，粒径≥0.05 mm的淤积物的变化趋势是从上游到下游逐渐变少，且变化趋势比较明显；粒径为0.025~0.05 mm的淤积物的变化趋势是从上游到下游逐渐变多，其变化也比较明显；粒径为0.001~0.025 mm和粒径<0.001 mm的淤

积物从上游到下游的变化起伏不大。所以,从总的趋势来看,上游淤积物粒径粗,而下游淤积物粒径细,说明淤地坝具有一定的淤粗排细作用。由于淤地坝有一定的库容和淤积年限,所以研究淤地坝的淤粗排细作用,对于延长淤地坝的使用年限和黄河流域泥沙治理均具有重要意义。

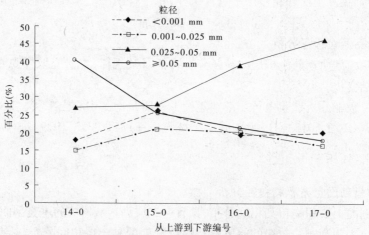

图 6-24　淤地坝淤积物粒径空间变化图

6.6.2.3　不同类型的淤地坝的差异

（1）有放水工程的淤地坝

位于李家寨沟的范山淤地坝和马张嘴淤地坝,放水工程同为竖井,其控制流域面积分别为 2.16 km² 和 0.99 km²,淤地面积分别为 5.89 hm² 和 3.05 hm²。两者的沉积物组成明显不同,对两者坝前探坑的垂直剖面进行对比发现(见图 6-25、图 6-26,其中,从上到下,土层依次为耕作层、黄沙层、红色黏土层、黄沙层、红色黏土层、黄沙层),在厚约 50 cm 的耕作层下均可以见到黄沙层和红色黏土层相间分布,两者沉积层基本可以对照,但从总体上看,控制面积较大的范山淤地坝比控制面积较小的马张嘴淤地坝的沉积物细,在同样深度的探坑中,前者显露的红色黏土层总厚度为 38 cm,而后者为 8 cm。

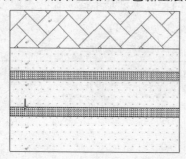

图 6-25　马张嘴淤地坝垂直剖面图

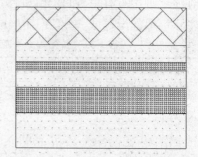

图 6-26　范山淤地坝垂直剖面图

（2）"闷葫芦"坝

无放水工程的淤地坝前红色黏土层厚度较大。埝堰沟淤地坝控制面积 0.21 km²,淤地面积 0.59 hm²,该淤地坝无放水工程,属于典型的全拦全蓄"闷葫芦"坝。该淤地坝有 3 个取样点,其中,中上游两个探坑以黄色粉土为主,未见明显的分层,坝前探坑见厚度约 20 cm 的红色黏土层与黄色的粉土层相间分布。

(3)缺口坝

碳阳沟淤地坝控制面积 0.32 km²,淤地面积 0.70 hm²。该淤地坝在 20 世纪 80 年代被洪水冲毁。挖探槽显示,该淤地坝上层无红色黏土层出现,而且淤地坝纵比降 1.23%,明显较其他淤地坝大。现淤积面高于原淤地坝坝顶,很明显,现在的淤积面是由于洪水挟带的泥沙在淤积面上沉积的结果。在同一座淤地坝内,由于汇集多条支沟,在支沟和主沟道的上游,淤积面纵比降明显增大,使纵剖面下凹,尾部形成显著的"翘尾巴"现象,其中碳阳沟淤地坝现已溃决。但从现场分析和图 6-27 可以看出,其拦蓄泥沙的能力并没有立即终止,而是继续保持拦沙能力,其拦沙作用具有一定的滞后性。另外,泥沙颗粒较粗并且缺失在其他淤地坝中所见的红色黏土层。如表 6-12 所示,其淤积泥沙比原状黄土粗。

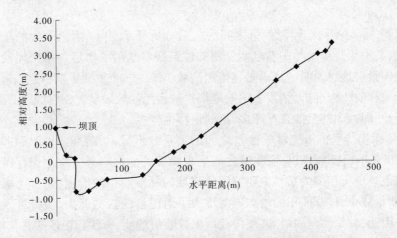

图 6-27 碳阳沟淤地坝坝顶高与坝前淤积面高对比图

表 6-12 碳阳沟淤地坝前淤积物与原状土粒径分析结果比较 （%）

样点编号	<0.001 mm	0.001~0.025 mm	0.025~0.05 mm	≥0.05 mm	备注
30-1	22	20.9	42.5	14.6	原状黄土
30-2	28.9	17.3	36.6	17.2	红色原状土
0-32	39	25	25.7	10.3	红色原状土
29-1	20.5	20.6	40.9	18	淤地坝淤积物

注:样点编号是当时所取样的编号。

6.6.2.4 上游淤地坝对下游淤地坝的影响

上游淤地坝对下游淤地坝的影响表现为上游拦粗下游淤细。西堰沟淤地坝有 3 个取样点,其中坝前取样点距离坝轴线约 10 m,黏土层较厚,越向上游,黏土层厚度越小。与其他淤地坝相比,该坝地黏土层较厚,坝前探坑垂直剖面上见有 20~30 cm 的黏土层与黄土(粉土)相间分布。其原因为:该淤地坝上游的淤地坝已经淤满,其溢洪道与地面高度基本一致,在洪水时期,其上游淤地坝洪水在较为宽阔的坝地上漫流,洪水挟带的泥沙中较粗的部分首先沉积在其上游坝地上,较细的部分(粉土与黏土颗粒)被流水带到下游淤地坝;尽管该淤地坝有放水工程,但是,其卧管七级以下未开启,开孔高度距离现淤积面4.2 m,因此该淤地坝拦蓄的洪水在坝前停留时间较长,洪水中较细的泥沙颗粒有更多时间沉积。

6.7 小 结

(1)通过对皇甫川流域出口断面泥沙级配变化特点进行分析,结果表明泥沙粒径细化现象明显,平均粒径由20世纪60年代的0.155 mm减小到21世纪初的0.076 mm。从不同粒径占全沙比重变化特点来看,不同粒径的泥沙变化趋势不同。细沙($d < 0.025$ mm)占全沙的比重总体上呈现增加的趋势,而中沙(0.025 mm $\leq d < 0.05$ mm)、粗沙($d \geqslant 0.05$ mm)的比重逐年减小。

(2)年降雨量与不同粒径泥沙量之间的关系分析显示,年降雨量较大的年份相应的输沙量较大,其中年降雨量与中沙之间的相关性最好。暴雨洪水量与暴雨泥沙量的相关性好于年降雨量。这也说明了暴雨是皇甫川流域产沙的一个重要影响因素。通过对淤地坝淤积泥沙取样的级配分析,结果表明淤地坝拦截粗泥沙效果显著,其拦沙粗细与流域产沙粗细成正比,即入库的粗沙含量越多,拦的粗沙也越多。

(3)林草面积与皇甫川流域输沙量之间的关系分析显示,前期(1982~1997年)、近期(1997~2006年)林地面积与输沙量之间呈现相反的变化趋势。草地保存面积与流域输沙量之间也呈现负相关关系。主要原因是流域内林草面积的增加,使得土壤侵蚀模数变小,总产沙量减小,林草面积的增加同时增大了对泥沙的拦截能力,使得进入河道的泥沙量减小。因此,林草面积的增加,使得流域出口断面细沙、中沙和粗沙的含量均减小。

(4)选择陕北韭园沟流域8座有代表性的淤地坝进行取样,通过对淤地坝淤积物采样分析,结果表明,在垂直剖面上,淤地坝淤积物表现为颗粒较粗的粉土层与颗粒较细的黏土层相间分布,具有一定沉积层理。特别是在控制面积较大或者排水不畅的淤地坝前,厚薄不一的粉土层与黏土层相间分布更加明显。淤地坝淤积物的颗粒级配在水平方向上存在明显的差异,表现为上游较下游粗,下游粗沙明显减少,说明淤地坝具有明显的淤粗排细作用。同样放水工程的淤地坝,控制面积大的较控制面积小的淤积物细;无放水工程的淤地坝属于全拦全蓄"闷葫芦"坝,坝前黏土层厚度较大;缺口坝同样具有淤粗排细作用;已溃决的碳阳沟淤地坝尾部形成显著的"翘尾巴"现象,其拦蓄泥沙的能力并没有立即终止,而是继续保持拦沙的能力,说明淤地坝溃坝以后其拦沙作用仍存在,具有一定的滞后性。

第7章 结论与展望

7.1 结 论

黄河中游河口镇至龙门区间是黄河粗泥沙的主要来源区,水土流失严重,是黄河泥沙问题的症结和关键所在。新中国成立以来,黄河中游开展了大规模的水土保持工作,河龙区间水沙量自20世纪70年代以来开始减少,80年代大幅度减少,90年代继续减少。三川河、皇甫川、岔巴沟是位于该区的三个典型小流域,自1982年被国家列为重点治理区以来,水土保持工作进展迅速,无论是治理进度、规划还是治理的质量和水土保持措施的保存率都有很大提高。80年代以来该区水沙锐减,水土保持功不可没,进入90年代,该区的水沙又有了新的变化。本书在总结以往研究成果的基础上,对该流域近期的水沙特性及其变化趋势进行了分析,并采用独立同分布检验的方法来确定水土保持措施生效前后的分界年,为分界年的选定提供了理论依据。在水土保持措施减洪减沙效益计算方面,对以往研究中所建立的水文模型进行了精度验证,并采用"水文法"和"水保法"两种方法分别计算,对比分析。

(1)通过对流域水沙特性的分析,认识到了流域近年降雨变化与径流、泥沙变化不相一致的现象。流域近期在降雨量与1996年以前相差不多的情况下,径流量和输沙量却有大幅度减少,径流和泥沙相关性依然较高,这一现象的出现不但与流域近期的降雨强度有关,与人类活动也有密切的关系。

(2)三川河流域基准期(1957~1969年)降雨量明显偏丰,70年代以后降雨量明显减少,80年代降雨量有所回升,90年代前期(1990~1996年)降雨量与70年代、80年代相比略有回升,近期(1997~2006年)降雨量较前期有所减少。与基准期相比,流域各时期年径流量、洪水径流量及年沙量、洪沙量都呈现出依时序递减的趋势,并且洪沙量减少的比例大于洪水量减少的比例,洪水和洪沙减少的比例都大于降雨量减少的比例。尤其是近期在降雨量与前期相差不多的情况下,径流量、输沙量却有大幅度的下降。

(3)在人类活动对流域径流泥沙显著影响的分界年确定方面,没有继续沿用黄河中游惯用的以1970年作为水保分界年的做法,而是在对双累积曲线法进行评价的基础上,选定了位于黄河中游多沙粗沙区的4条典型支流,利用水文统计的方法,对流域实测径流、泥沙观测资料进行了独立同分布检验,对突变点进行了分析,从而确定出分界年。对双累积曲线法划分径流泥沙系列的突变点进行了评价,改进了突变点的确定方法,利用独立同分布检验理论,界定了流域水沙变化的分界点。由于黄河中游的水土保持工程兴起于1970年,所以在以往的研究中统一将水土保持措施生效前后的分界年定为1970年,将1969年以前作为基准年。这样做仅仅局限于感性上的认识,实际上水保措施从建立到生效需要一定的时间,各个流域的情况也不尽相同,统一的时间划分缺乏足够的理论依据。

为了解决这一问题,本书选择了河龙区间5条典型支流作为研究对象,运用水文统计的原理,对流域实测径流、泥沙观测资料进行了独立同分布检验,从水文统计的角度来探讨这一问题,为分界年的选定提供了一个新的思路。

(4)分别运用"水文法"和"水保法"两种方法对三川河流域水土保持措施的减洪减沙效益进行了计算,从计算结果来看,"水保法"与"水文法"计算成果之间是有差异的。造成两种方法计算成果差异的原因大致有两个方面:一是基本资料的精度不够。"水文法"用于建立降雨—径流、降雨—产沙关系的基准期降雨资料偏少,"水保法"采用的各项措施的面积资料多为统计调查资料。二是计算方法不够完善。"水文法"计算时间单元多为月,对暴雨产流产沙作用考虑不够。"水保法"计算一般只考虑梯田、造林、种草、淤地坝四大措施,农业耕作措施等项目因缺乏资料而无法考虑,加上人为因素影响,使计算结果也可能偏大或偏小。从总体来看,"水文法"计算的结果大于"水保法"。这是因为"水文法"计算的人类活动影响量除水利水保措施影响量外,还有河道冲淤、人类耗排等各种因素的影响量,而"水保法"只计算水利水保措施影响量。本次两种方法计算成果只是在个别时段,"水保法"计算成果比"水文法"大一些,可能是资料方面的原因。

(5)采用"水文法"计算时用分布式水文模型代替以往的经验模型,计算结果表明:水保措施在一定条件下对较小暴雨有更好的拦蓄作用;虽然淤地坝有一定的拦蓄作用,但对超标准洪水的拦蓄作用有限。

(6)以往在计算坡面措施减沙量时,多采用坡面径流小区观测的平均效益指标,其结果往往偏大,本次利用"水保法"计算各单项措施的拦沙量时,考虑了面积差异、质量标准、降雨水平等因素的影响,对坡面措施指标进行了一定的修正。由"水保法"计算结果知,淤地坝以较小的配置比例取得了较大的拦沙效益。

(7)根据沙量平衡原理,定量地计算出了淤地坝的间接减蚀量,虽然"水文法"和"水保法"计算中均存在一定的误差,但总的来说,坝地的间接减蚀作用是很明显的。

(8)淤地坝淤积物在垂直剖面上具有一定沉积层理,在水平方向上存在明显的差异,表现为上游较下游粗,说明淤地坝具有明显的淤粗排细作用。研究淤地坝的淤粗排细作用,对于延长淤地坝的使用寿命,充分发挥淤地坝有效拦沙能力和减少入黄泥沙具有重要的现实意义。

(9)淤地坝淤积面有一定的纵比降,尾部存在显著的"翘尾巴"现象。并且已溃决的淤地坝其拦蓄泥沙的能力并没有立即终止,而是具有一定的滞后性,说明缺口坝同样具有淤粗排细作用。

7.2 展 望

(1)对于黄河中游而言,经验公式法所建立的水文模型是将1970年以前作为基准期,即假定1970年以前无任何治理,但实际上治理前还是有一定程度的治理,对流域的天然产流产沙存在一定的影响。由于在本次研究中未对这一阶段治理量进行还原,所以这样建立的关系会带来一定的误差。如何对基准期的天然水沙量进行还原,是今后研究工作中值得探讨的一个问题。

（2）目前已初步应用的水沙评价模型存在的不足表现在：①对资料要求过于严格，在实际操作中难以满足要求，很难移植到其他流域；②水土保持措施对水沙影响机制在评价模型中反映不足，使得评价模型的物理概念模糊；③模型在实际应用中适应性欠缺，检验不够。如何探索出一种建立在产水产沙机制之上的，并能充分体现水土保持措施影响的计算方法将是今后研究的一个重要方面。

（3）在运用"水保法"进行减洪减沙量计算时，由于资料的限制，耕作措施的减洪减沙量未作考虑，并且由于水保措施测量的人员、方法、精度的不一致，使得计算出的减水减沙量数据波动较大，因此寻求更合理的水保措施调研工作方法，对今后的水保效益计算具有重要意义。

（4）目前所建立的产沙模型虽有多种，但主要是雨沙模型。流域产沙虽主要与降雨有关，但也与河道流量及含沙量有关，流量和含沙量的大小不同，河道或产生冲刷或产生淤积，但模型中未考虑这方面因素。如何建立既考虑河道流量及含沙量的影响，公式本身结构形式又比较简单、模拟精度又高的产沙模型是今后值得深入研究的问题。

（5）"水文法"计算流域减沙量，较多地利用经验模型，但经验模型的使用有一定的局限性，某个流域的经验模型无法移用到其他区域。而分布式水文模型是根据水文要素的形成机制及其基本规律而建立的，所以具有一定的实用性，进一步完善水文模型中各个参数提取的精度对模型模拟精度的提高具有重要意义。

（6）分布式水文模型的优点在于充分考虑输入资料和下垫面等影响水沙响应的因素在空间上分布的不均匀性，但就目前资料而言，只能对雨量站的降雨资料进行空间上的插值，得到网格上的降雨输入，对于短时间的降雨（暴雨）没有有效的时间插值方法，在一定程度上会影响模拟结果的精度。因此，如何采用更有效的降雨资料空间离散算法是需要解决的一个重要问题。

（7）淤地坝的间接减蚀量主要包括：因抬高侵蚀基准面，在淤积物覆盖的范围内，沟壑坍塌、沟谷侵蚀和重力侵蚀的减少量；由于坝地滞洪及流速减小对坝下游沟道侵蚀的减少量。进一步探索计算淤地坝的间接减蚀量的合理方法，对于指导生产实践和减少入黄泥沙意义重大。

（8）淤地坝淤积面尾部存在显著的"翘尾巴"现象，并且"尾巴"上分布的多为粗颗粒泥沙，已溃决的淤地坝的拦蓄泥沙的能力并没有立即终止，说明缺口坝同样具有淤粗排细作用。进一步研究不同类型坝地的拦蓄泥沙的能力对延长淤地坝的淤积年限和节省开支具有重要的现实意义。

参 考 文 献

[1] 骆向新,徐新华.关于水土保持减水减沙效益分析方法的探讨[J].人民黄河,1995(11):34-36.

[2] 姚文艺,张遂业.对水沙变化分析中代表系列选择问题的讨论[J].人民黄河,1995(3):25-28.

[3] 冉大川.黄河中游河龙区间水沙变化研究综述[J].泥沙研究,2000(3):72-73,80.

[4] 中华人民共和国国务院.国家中长期科学和技术发展规划纲要[EB/OL].[2007-05-07].Http://www.gov.cn/jrzg/2006-02/09/content_183787.htm.

[5] 徐建华,李雪梅,李世明.河龙区间水利水保工程减沙效益水保法研究成果汇总浅析[J].人民黄河,1995(8):18-26.

[6] 孟庆枚.黄土高原水土保持[M].郑州:黄河水利出版社,1996.

[7] 张明波,郭海晋.水土保持措施减水减沙研究概述[J].人民长江,1999,30(3):47-49.

[8] 李凤,吴长文.水土保持学的发展[J].南昌水专学报,1995,14(1):71-72.

[9] Wischmeier W H, Smich D D. Predicting rainfall-erosion losses——a guide to conservation planning. USDA, ARS, Agricultural Handbook 537, Washington DC, 1978.

[10] Renard K G, Foster G R, et al. RUSLE recised: status, question, anwsers, and the future[J]. Soil and Water Conservation, 1994, 49(3):213-220.

[11] Laflen J M, Foster G R, WEPP. A new generation of erosion prediction technology[J]. Soil and Water Conservation, 1991, 46(1):34-38.

[12] 王礼先,张有实,李锐,等.关于我国水土保持科学技术的重点研究领域[J].中国水土保持科学,2005,3(1):2-3.

[13] Singh V P, Woolhiser D A. Mathematical modeling of watershed hydrology[J]. Journal of Hydrologic Engineering, 2002, 7(4):270-292.

[14] 袁作新.流域水文模型[M].北京:中国水利水电出版社,1990.

[15] Bowles D S, O'Connell P E. Recent advances in the modeling of hydrologic system[M]. Netherlands: Kluwer Academic Publishers, 1991.

[16] Abbott M B, Bathurst J C, et al. An introduction to the European hydrologic system——System Hydrologique European, SHE [J]. Journal of Hydrology, 1986, 87:61-77.

[17] Garrote I, Bras B L. A distributed model for real-lime flood forecasting using digital elevation models[J]. Journal of Hydrology, 1995, 167:279-306.

[18] Beven K J, Kirkby M J, et al. Testing a physically based flood-forecasting model(TOPMODEL) for three UK catchments [J]. Journal of Hydrology, 1984, 69:119-143.

[19] Beven K J. Linking parameters across scales: sub-grid parameterizations and scale dependent hydrological models [J]. Hydrological Processes, 1995, 9:507-526.

[20] Garbrecht J, Martz L W. Digital elevation model issues in water resources modeling [A] // Proceedings of the 19th ESRI International User Conference [C]. San Diego, California, 1999.

[21] Beven K J. How far can we go in distributed hydrological model [J]. Hydrology and Earth System Sciences, 2001, 5(1):1-12.

[22] Ciarpiea L, Todini E. TOPKAPL—a model for the representation of the rainfall-runoff process at different scales[J]. Hydrological Processes, 2002, 16(2):207-229.

［23］WMO. Inter-comparison of conceptual models used in operational hydrological forecasting［C］// Operational Hydrology Report, No. 7, Geneva, Switzerland, 1975.

［24］Wang Guoqing, Pang Hui, Rao Suqiu, et al. Application comparison of two hydrological models in upper Yellow River［R］. Proceedings of IYRF, 2003.

［25］黄河水利科学研究院. 黄河水土保持科研基金项目第三专题:水土保持生态环境建设对黄河水沙评价模型及效益评价研究［R］. 2004.

［26］胡彩虹, 郭生练, 熊立华, 等. 黄河流域水文模型研究现状与进展［J］. 西北水资源与水工程, 2003, 14(1):5-8.

［27］Boughton W C. A mathematical catchment model for estimating run-off［J］. Hydrol. (New Zealand), 1968, Vol. 7.

［28］Crawford N H, Linsley R K. 第Ⅳ斯坦福流域模型(摘译)［A］// 水文预报模型译文集［C］. 1981.

［29］胡彩虹, 郭生练, 熊立华, 等. 黄河流域水文模型研究现状与进展［J］. 西北水资源与水工程, 2003, 14(1):5-8.

［30］Freeze R A, Harlan R I. Blueprint for a physical-based digitally-simulated hydrological response model［J］. Journal of Hydrology, 1969, 122(3):122-128.

［31］芮孝芳, 黄国如. 分布式水文模型的现状与未来［J］. 水利水电科技进展, 2004, 24(2):55-58.

［32］芮孝芳. 流域水文模型研究中的若干问题［J］. 水科学进展, 1997, 8(1):94-98.

［33］熊立华, 郭生练. 分布式流域水文模型［M］. 北京:中国水利水电出版社, 2004.

［34］Vijay P Singh. Computer models of watershed hydrology［M］. Highlands Ranch:Water Research Publication, 1995.

［35］Fortin J P, Turcotte R, et al. Distributed watershed model compatible with remote sensing and GIS data Ⅱ:application to chaudiere watershed［J］. Journal of Hydrologic Engeering, 2001, 6 (2):100-108.

［36］Christiaens K, Feyen J. Use of sensitivity and uncertainty measures in distributed hydrological modeling with an application to the MIKE SHE model［J］. Journal of Water Resources Research, 2002, 38(9):1015-1019.

［37］Su B L, Kazama S, et al. Development of a distributed hydrological model and its application to soil erosion simulation in a forested catchment during storm period［J］. Hydrological Processes, 2003, 17(14):2811-2823.

［38］黄平, 赵吉国. 流域分布型水文数学模型的研究及应用前景展望［J］. 水文, 1997(5):5-10.

［39］郭生练, 熊立华, 等. 分布式流域水文物理模型的应用和检验［J］. 武汉大学学报:工学版, 2001(1):1-5.

［40］夏军, 王纲胜. 分布式时变增益流域水循环模拟流域［J］. 地理学报, 2003, 58(5):789-796.

［41］熊立华, 郭生练, 田向荣. 基于 DEM 的分布式流域水文模型及应用［J］. 水科学进展, 2002, 15(4):517-520.

［42］王中根, 刘昌明, 黄友波. SWAT 模型的原理、结构及其应用研究［J］. 地理科学进展, 2003, 22(1):79-86.

［43］夏军, 刘青娥. TOPMODEL 模型理论及应用研究——以潮河流域日径流模拟为例［J］. 水文, 2002 (特刊).

［44］常丹东, 王礼先. 水土保持对黄河年径流量影响研究［J］. 水利规划与设计, 2005(2):37-61.

［45］徐明权, 杨小庆. 浅谈黄河水沙变化研究成果［J］. 土壤侵蚀与水土保持学报, 1998(3):21-23.

［46］袁希平, 雷廷武. 水土保持措施及其减水减沙效益分析［J］. 农业工程学报, 2004, 20(2):296-300.

［47］姚文艺, 汤立群. 水力侵蚀产沙过程及模拟［M］. 郑州:黄河水利出版社, 2001.

[48] 山西省水利厅水土保持局,山西省吕梁地区水利水保局.三川河流域综合治理[M].郑州:黄河水利出版社,1997.

[49] 中国水利水电科学研究院.黄委"十五"治黄重大科技项目"黄土高原三川河流域产汇流特性变化研究"课题"三川河流域降雨产汇流特性分析及分布式水文模型构建"(2002Z0201)[R].2002.

[50] 冉大川,刘斌,王宏,等.黄河中游典型支流水土保持措施减洪减沙作用研究[M].郑州:黄河水利出版社,2006.

[51] 冉大川,柳林旺,赵力仪,等.黄河中游河口镇至龙门区间水土保持与水沙变化[M].郑州:黄河水利出版社,2000.

[52] 姚文艺,李勇,张原锋,等.维持黄河下游排洪输沙基本功能的关键技术研究[M].北京:科学出版社,2007.

[53] 张胜利,于一鸣,姚文艺.水土保持减水减沙效益计算方法[M].北京:中国环境科学出版社,1994.

[54] 于一鸣.多沙粗沙区水土保持减水减沙效益及水沙变化趋势研究报告[R].黄河流域水土保持科研基金第四攻关课题组,1993.

[55] 姚文艺,李占斌,康玲玲.黄土高原土壤侵蚀治理的生态环境效应[M].北京:科学出版社,2005.

[56] 唐克丽,熊贵枢,梁季阳,等.黄河流域的侵蚀与径流泥沙变化[M].北京:中国科学技术出版社,1993.

[57] 王广仁,汪岗,孟效仁,等.黄河水沙变化研究第一卷(下册)[M].郑州:黄河水利出版社,2002.

[58] 张胜利,李倬,赵文林.黄河中游多沙粗沙区水沙变化原因及发展趋势[M].郑州:黄河水利出版社,1998.

[59] 徐建华,牛玉国.水利水保工程对黄河中游多沙粗沙区径流泥沙影响研究[M].郑州:黄河水利出版社,2000.

[60] 李雪梅,徐建华,王国庆,等.不同降雨条件下河口镇至龙门区间水利水保工程减水减沙作用分析[J].黄河水沙变化研究,2002(2):261-304.

[61] 王国庆,姜乃迁,陈江南,等.黄土高原三川河流域水沙变化研究综述[A]//中国水力发电工程学会水文泥沙专业委员会第四届学术讨论会论文集[C].2003.

[62] 陈江南,王云璋,徐建华,等.黄土高原水土保持对水资源和泥沙评价方法研究[M].郑州:黄河水利出版社,2004.

[63] 水利部水土保持司治理处.十年治理　山河改观[J].中国水利,1994(6):22-24.